U0168822

地市电力调度控制
工作手册

国网宁波供电公司 编

中国电力出版社
CHINA ELECTRIC POWER PRESS

图书在版编目（CIP）数据

地市电力调度控制工作手册 / 国网宁波供电公司编. —北京：中国电力出版社，2020.6
ISBN 978-7-5198-4450-9

Ⅰ．①地… Ⅱ．①国… Ⅲ．①电力系统调度–手册 Ⅳ．①TM73-62

中国版本图书馆 CIP 数据核字（2020）第 041594 号

出版发行：中国电力出版社
地　　址：北京市东城区北京站西街 19 号
邮政编码：100005
网　　址：http://www.cepp.sgcc.com.cn
责任编辑：罗　艳（yan-luo@sgcc.com.cn）
责任校对：黄　蓓　常燕昆
装帧设计：张俊霞
责任印制：石　雷

印　　刷：三河市万龙印装有限公司
版　　次：2020 年 6 月第一版
印　　次：2020 年 6 月北京第一次印刷
开　　本：787 毫米×1092 毫米　横 32 开本
印　　张：7.625
字　　数：157 千字
印　　数：0001—1500 册
定　　价：53.00 元

内 容 提 要

为进一步提升地区调度控制标准化管理、规范地调调控运行核心业务标准、实现地调调控专业同质化管理要求，国网宁波供电公司特编写本手册。

本手册共十七章，分别是概述、调控岗位职责、交接班、值班日志、设备运行监视、调控运行操作、电网限额管理、无功电压控制、电网故障异常处置、电网故障处置预案、新设备投运、地方电厂大用户管理、反事故演练、信息报送、配网接线图应用、配网抢修指挥和系统应用。

本手册适用于地（配）调调控专业人员参照执行，供地调调度员、监控员及配调调控人员学习。

编 委 会

编 写 组

主　编　谢宇哲

副主编　沈　曦　蔡振华　王　晓

成　员　吕　栋　袁士超　邱　云　朱　耿　吴　烨　吴利锋　江文姬
　　　　姚国强　方　璇　周　盛　莫建国　叶夏明　严　勇　焦振军
　　　　谢永胜　吕磊炎　胡　勤　罗　轶　周海宏　丁田隆　何小坚
　　　　黄　蕾　郑　翔　丁月强　张林强　徐立中　张洪磊　朱艳伟
　　　　涂智恒　朱　航　李开文　邬航杰　谢　楚　郑　南　王洪磊
　　　　刘惺惺　王　扬　俞　凯　冯朝力　谢朝平　沈绍斐　李　力
　　　　吴　明　励文伟　章杜锡　周　俊　应芳义　王　斌　王京锋
　　　　吉晏平　吕　备　柯　珂　张志雄　陈　磊　许育燕　常　鹏

前言

　　针对电网安全形势的变化，调控机构对日常倒闸操作、故障处置、事故预案及信息报送提出了新的标准。电网自动化程度的提高，无功电压控制系统以及电网能量系统深入调控员日常生产工作，增加了调控日常工作内容的复杂度。配网分支线纳入调管范围、抢修指挥业务纳入大运行体系建设及营配调末端融合，电网运行控制难度加大。为适应电网运行的新特性和新能源发展，要求地区电网公司统一调度管理，统一调度业务，统一调度流程。

　　本书系统介绍了交接班、值班日志、调控运行操作、故障处置、电厂管理等核心业务规范，以电网调控运行本质安全和规范管理为核心，实行地区电网调控专业同质化管理，有利于加强调控业务流程管控，加强调控标准制度管理，加强调控队伍培训。

本书由国网宁波供电公司与浙江电力调控中心共同编写，编委会所有成员参与全书审核和修改。在本书编写过程中，得到了诸多同仁及专家的支持帮助，在此致以诚挚的敬意。

　　限于编写人员水平有限，编写时间仓促，疏漏之处在所难免，恳请各位专家和读者提出宝贵的意见。

编　者

2020 年 2 月

目录

前言

第一章　概　　述

为进一步提升地区调度控制标准化管理、规范地调调控运行核心业务标准、实现省内地调调控专业同质化管理要求，特制订本调控运行手册。

调度控制"五统一"管理，即统一调控术语、统一操作指令、统一运行报表、统一核心业务、统一评价指标。实现地调调控运行专业省内"五统一"管理，不仅适应坚强智能电网的要求，也形成了统一规范、集中高效的省地一体化调控管理体系，提升地区电网的调控管控能力。

本手册适用于浙江省内各地（配）调调控专业人员参照执行的工作手册，内容包括交接班、设备运行监视、调控运行操作、电压潮流控制、故障处置、反事故演习、电厂用户管理等核心业务。浙江省内各地调调度员、监控员及配调调控人员均应按手册中要求的工作流程和标准开展日常调控业务。

本手册引用的标准、规程和规定包括《浙江省电力系统地区调度控制管理规程》《国家电网公司故障停运线路远方试送管理规范》（调调〔2014〕29 号）、《电网运行准则》（GB/T 31464—2015）、《国家电网公司调度系统重大事件汇报规定》（国家电网企管〔2016〕649 号）、《关于进一步落实无人值守模式下电网故障处置相关要求的通知》（浙电调字〔2016〕93 号）。

第二章 调控岗位职责

第一节 岗位职责

一、调度控制专业主要职责

（1）接受省调调度控制业务相关的专业管理和技术监督，接受省调授权或委托的与电力调度相关的工作。

（2）负责所辖电网的安全、优质、经济运行，使电能质量指标符合国家规定的标准。

（3）贯彻执行上级调控机构颁发的标准、规程和制度，负责制定并执行落实相关规程及制度的实施细则。参与所辖电力系统事故调查，组织开展调管范围内的故障分析。

（4）负责所辖电网的电力调度、设备监控等专业管理，负责管辖范围内并网电厂（含新能源）及大用户的调度管理，负责调度管辖范围内水电站的水库发电调度。

（5）负责指挥所辖电力系统的运行、操作和故障处置，负责监控范围内设备的集中监视、信息处置和远方操作。

（6）负责监控信息管理和变电站集中监控许可管理，并组织开展监控相关业务的统计、分析等工作。

（7）负责本地区城区（市本级）配网调控运行和抢修指挥业务，负责地区配网运行和配网抢修指挥业务的专业管理，组织开展监督考核和统计分析工作。

（8）地区调度、监控及配网调控各岗位职责分工见表2-1。

表2-1　　　　　　　　　地区调度、监控及配网调控各岗位职责分工

岗位	职　责　分　工
地区调度值长	（1）负责值班期间调度管辖范围内电网调度生产、异常及故障处置指挥、协调工作，对本值工作负安全监督管理职责，是本值安全第一责任人。 （2）协调当值合理控制和调节系统运行状态。 （3）执行日调度检修计划，审核调度操作任务票，监护和执行所辖设备的调控运行操作。 （4）指挥所辖设备的异常和故障处置，审核事故分析报告。 （5）接受上级调度的调度指令，向管辖范围内运行人员发布调度、监控运行及故障处置命令。 （6）督促检查并做好特殊方式下的危险点预控，审查事故预想、故障处置预案以及各种电力保障预案。 （7）对本值内的正值、副值、实习调度员工作进行监护、指导、培训。 （8）完成上级布置的其他任务

岗位	职 责 分 工
地区调度正值	（1）值班期间在调度值长监护下负责管辖范围内电网调度生产、异常及故障处置指挥、协调工作。 （2）在值长的监护下控制和调节系统运行状态。 （3）执行日调度检修计划，审核操作任务票，监护和执行所辖设备的调控运行操作。 （4）指挥所辖设备的异常和故障处置。 （5）制定特殊方式下的危险点预控，审核事故预想、故障处置预案以及各种电力保障预案。 （6）对本值内的副值、实习调度员工作进行监护、指导、培训。 （7）接受上级调度的调度指令，向管辖范围内运行人员发布调度、监控运行及故障处置命令。 （8）完成上级交待的其他任务
地区调度副值	（1）值班期间完成管辖范围内电网调度生产、异常及故障处置指挥、协调工作。 （2）在值长的监护下控制和调节系统运行状态。 （3）执行日调度检修计划，审核操作任务票，监护和执行所辖设备的调控运行操作。 （4）协助指挥所辖设备的异常和故障处置。 （5）制定特殊方式下的危险点预控，审核事故预想、故障处置预案以及各种电力保障预案。 （6）接受上级调度的调度指令，向管辖范围内运行人员发布调度、监控运行、设备检查及故障处置命令。 （7）完成上级交待的其他任务

岗位	职 责 分 工
地区监控值长	（1）值班期间负责所辖电网范围内设备运行状况的监视、异常及故障处置指挥、协调工作，对当值工作负安全监督管理职责。 （2）督促完成本岗位所辖设备技术标准、管理标准、检修规程、运行规程，图纸和各项技术资料的整理工作，并保持版本齐全有效。 （3）负责接受各级调度的操作指令，组织安排填写监控操作票并负责审核。组织安排监控操作，并核对遥信遥测正确，汇报调度。 （4）负责调控管辖范围内系统的电压和无功在合格范围之内。 （5）在异常、事故状况下，收集、整理相关、异常事故信息，汇报调度，在调度指令下指挥本值人员进行故障处置。汇总处理总结、事故分析、异常情况的书面报告，指导完成书面的事故跳闸报告。 （6）对当值监控员进行监护、指导、培训，督促监控设备缺陷的处理。 （7）根据班组安排，负责当值监控主站系统的验收工作。 （8）监督审查、落实当值电网重大操作、重大保供电工作中监控专业的危险点分析及预控。 （9）完成上级交办的其他任务
地区监控正值	（1）收集并汇总本岗位所辖设备技术标准、管理标准、检修规程、运行规程，图纸和各项技术资料，并保持版本齐全有效。 （2）负责管辖范围内电网设备运行信号的监视、分析、汇总，对本值电网监控工作安全监督。 （3）在值长指挥下控制调节管辖范围内的系统电压和无功在合格范围之内。 （4）在异常、事故状况下，收集整理相关异常、事故信息，及时汇报值长或相关调度，按照调度指令进行故障处置的遥控操作。总结、分析事故、异常情况，完成书面的事故跳闸报告。

岗位	职　责　分　工
地区监控正值	（5）协助值长接受各级调度的调控运行操作指令，负责监护本值监控操作职责范围内的遥控、遥调操作并将结果汇报当值值长。 （6）对本值的副值监控员、实习监控员进行监护、指导、培训，督促监控设备缺陷的处理。 （7）根据班组安排，履行本值监控主站系统的验收工作。 （8）审查落实本值内电网重大操作、重大保供电工作中监控专业的危险点分析及预控。 （9）完成上级交办的其他任务
地区监控副值	（1）掌握本岗位所辖设备技术标准、管理标准、检修规程、运行规程、图纸和各项技术资料，协助正值定期更新完善版本。 （2）负责所辖范围电网设备运行信号的监视、分析、汇总，履行本值电网监控安全职责。 （3）协助正值保证所辖范围系统电压、无功的合格率。 （4）在异常、事故状况下，收集整理相关异常、事故信息，汇报值长或正值监控员，并告知变电运维站。在值长或正值监护下进行故障处置的遥控、遥调操作。总结、分析事故、异常情况，协助值长或正值完成书面的事故跳闸报告。 （5）在值长或正值监护下负责本值监控操作职责范围内的遥控操作。 （6）按时完成副值监控员常规培训任务，督促监控运行设备缺陷的处理。 （7）根据班组安排，协助验收负责人完成本值监控主站系统的验收工作。 （8）履行本值内电网重大操作、重大保供电工作中监控专业的危险点分析及预控。 （9）完成上级交办的其他任务

续表

岗位	职 责 分 工
配网调控值长	（1）调控值长是本值调度、监控的负责人，负责本值内城区配电网的安全、优质、经济运行工作，严格执行各级电力系统调度规程及上级颁发的各项规章制度，领导本值调控员完成调控运行的各项任务。 （2）负责随时掌握管辖范围内的系统潮流及电压变化，并监督调控员及时投切电容器和调整主变压器分接头，确保配网系统电能指标合格。 （3）领导全值做好与上下级调度、职能部门、电厂等相关单位的业务联系。 （4）做好值内业务分工，按规定组织好交接班工作，对当值期间工作的要点、危险点提前进行梳理布置。组织值内人员正确填调控写操作票、运行记录、报表等各项资料并审查。 （5）领导全值审查调度操作票、事故预想、检修、投产技改方案等工作的正确性，批复权限范围内的申请批复。 （6）指挥所辖配网设备的异常和故障处置，审核事故分析报告。 （7）组织本值内人员开展安全活动和反事故演习，学习有关安全生产规章制度，做好技术问答和事故预想，及时制止他人违章。 （8）定期或不定期地深入现场了解熟悉运行设备，完成培训学习任务。 （9）自觉遵守值班劳动纪律，对本值调度员、监控员违章负连带责任。 （10）完成上级布置的其他任务
配网调控正值	（1）在调控值长监护下负责管辖范围内电网调度生产、异常及故障处置指挥、协调工作。 （2）负责管辖范围内电网设备运行信号的监视、分析、汇总，对本值电网监控工作安全监督。 （3）在值长指挥下控制调节管辖范围内的系统电压和无功在合格范围之内。 （4）执行日调度检修计划，审核操作任务票，监护和执行所辖设备的调控运行操作。

续表

岗位	职 责 分 工
配网调控正值	（5）协助值长接受各级调度的调控运行操作指令，负责监护本值监控操作职责范围内的遥控、遥调操作。 （6）在值长指挥下负责所辖设备的异常和故障处置，包括收集、整理相关异常、事故信息，总结、分析事故、异常情况，完成书面的事故跳闸报告。 （7）制定特殊方式下的危险点预控，审核事故预想、故障处置预案以及各种电力保障预案。 （8）对本值内的副值、实习调控员工作进行监护、指导、培训。 （9）接受上级调度的调度指令，向管辖范围内运行人员发布调度、监控运行及故障处置命令。 （10）完成上级交待的其他任务
配网调控副值	（1）值班期间完成管辖范围内电网调度生产、异常及故障处置指挥、协调工作。负责所辖范围电网设备运行信号的监视、分析、汇总，履行本值电网监控安全职责。 （2）协助正值保证所辖范围系统电压、无功的合格率。 （3）执行日调度检修计划，审核操作任务票，监护和执行所辖设备的调控运行操作。 （4）在值长或正值监护下负责本值监控操作职责范围内的遥控操作。 （5）协助指挥所辖设备的异常和故障处置，包括收集、整理相关异常、事故信息，汇报值长或正值监控员，并告知变电运维站。协助值长或正值完成书面的事故跳闸报告。 （6）制定特殊方式下的危险点预控，审核事故预想、故障处置预案以及各种电力保障预案。 （7）接受上级调度的调度指令，向管辖范围内运行人员发布调度、监控运行、设备检查及故障处置命令。 （8）根据班组安排，协助验收负责人完成本值监控主站系统的验收工作。 （9）完成上级交代的其他任务

二、机构组成

地区调控运行专业下设地区调度班、地区监控班和配网调控班，均采用值长负责制，值内人员各司其职，分工协作，共同完成当值电网调度、运行、监控业务。地区调度（监控）班每一值均设置调度（监控）值长、调度（监控）正值、调度（监控）副值，配网调控班设置调控值长、调控正值、调控副值。

对于调控融合的地调，调控值长（正值、副值）兼顾调度值长（正值、副值）和监控值长（正值、副值）的职责。

第二节　工作要求及内容

一、基本工作要求

（1）地调采用五值三运转的值班模式，调度班、监控班应在同一调控大厅值班，每值人员不得少于标准规定。

（2）值班人员应按批准的排班表值班，不得擅自变更值班方式和交接班时间；如需换、替班应经班组负责人批准。

（3）值班人员必须坚守工作岗位，不得无故离岗，如有特殊情况，必须经班组负责人同意，并安排人员代班，履行交接手续后方可离开岗位。

（4）值班人员严禁在接班前或值班期间饮酒，值班期间应保持良好的精神状态。

（5）值班人员应遵守劳动纪律，不得进行与工作无关的活动。

（6）值班人员应严格执行相关调控大厅出入制度、消防管理制度及其他行为规范。

（7）值班人员在进行调度业务联系时，各级调度、监控、运行人员应使用普通话、浙江省地区电网调度术语和浙江省地区网电操作术语，互报单位、姓名，严格执行发令、复诵、录音、监护、记录和汇报制度。

（8）值班人员应按规定统一着装，佩戴上岗标志，按指定席位值班。

（9）地调调控人员应遵守保密制度，不得向无关人员泄露生产数据和系统情况。

（10）地调调控人员应按时规定的时间参加政治、业务学习和安全活动。

（11）地调调控人员必须经有关规定进行培训、学习，经考试合格并经批准后，方可上岗，并按岗位职责权限行使岗位职能。

二、日常工作内容

1. 地区调度员主要工作内容

（1）审查电网设备检修停役申请，根据停役申请拟写并执行调度操作票。

（2）审查调度管辖范围内的新设备启动方案，根据启动方案拟写并执行新设备启动调度操作指令票。

（3）配合上、下级调度进行电网操作、新设备启动工作等。

（4）根据电网检修方式、新设备启动形成的各种电网薄弱运行方式以及电网运行风险预警通知单，编制及审核相应调度处置预案，提前做好风险预控措施。

（5）合理控制电网潮流，做好电压无功补偿装置投切和有载分接头调整工作。

（6）准确迅速处理管辖范围内的设备危急缺陷和电网故障，并完成相应故障处置分析报告。

（7）记录调度运行日志，保证各项内容的正确性。

（8）按照要求完成交接班工作。

（9）主持或参与反事故演习，参演人员完成反事故演习报告。

（10）做好地区电厂及大用户的调度管理工作。

（11）编制及审核各类调控运行报表。

（12）执行重大事件汇报制度。

（13）参加安全学习、安全培训和班组安全活动。

（14）负责文件资料的管理和交接。

2. 地区监控员主要工作内容

（1）负责所辖电网设备运行信号的监视、分析、汇总。

（2）负责所辖变电站内电压无功补偿装置的投切和有载分接头调整工作。

（3）根据要求设置和解除自动化系统各类标识。

（4）接受省调、地调调度的操作预令，拟写并审核监控操作票。

（5）接受省调、地调调度的操作正令，完成远方遥控操作，并核对遥信信号和遥测数据。

（6）在异常、事故状况下，收集、整理相关异常、事故信息，并根据调度指令进行故障处置。汇总处理过程、事故分析、异常情况，完成异常（事故）处置分析报告。

（7）进行正常或特殊方式下的限额监视。

（8）记录监控运行日志，保证各项内容的正确性。

（9）按照要求完成交接班工作。

（10）主持或参与反事故演习，参演人员完成反事故演习报告。

（11）编制及审核各类调控运行报表。

（12）执行重大事件汇报制度。

（13）负责变电站集中监控接入验收工作。

（14）参加安全学习、安全培训和班组安全活动。

（15）负责文件资料的管理和交接。

3. 配网调控员主要工作内容

（1）负责城区内 10（20）kV 及以下（含分支线）电网调度工作。

（2）负责城区内 10（20）kV 及以下发、变、配电设备的运行监视、遥控、遥调等工作。

（3）根据设备检修停役申请拟定、审核及执行调度指令票。

（4）负责指挥城区配网事故、异常处理，完成事故跳闸报告；负责通知现场运维人员进行异常、缺陷和事故的检查处理。

（5）接受上级调度指挥，执行上级调度指令，正确进行异常及故障处置。

（6）按要求进行正常或特殊方式下的限额监视。

（7）填写或维护的调度运行日志，保证各项记录的正确性。

（8）按照要求完成交接班工作。

（9）按要求配合完成或主持反事故演习，参演人员填写完成反事故演习报告。

（10）负责对监控主站系统监控信息画面等功能进行验收。

（11）按规定完成各类报表的编制上报工作。

（12）参加班组安全学习、安全培训和每周的班组安全活动。

（13）按照调度规程要求，执行重大事件汇报制度。

第三章 交 接 班

第一节 交接班管理规定

一、一般规定

（1）调控人员应按计划值班表值班，如遇特殊情况无法按计划值班需经调控专业负责人同意后方可换班，不得连续当值两班。若接班值人员无法按时到岗，应提前告知调控专业负责人，并由交班值人员继续值班或安排其他调控人员代为值班。

（2）交接班应按照调控中心规定的时间在值班场所进行。交班值调控人员应提前 30min 审核当班运行记录，检查本值工作完成情况，准备交接班日志，整理交接班材料，做好清洁卫生和台面清理工作。

（3）接班值调控人员应提前 15min 到达值班场所，认真阅读调度、监控运行日志，停电申请单、操作票等各种记录，全面了解电网和设备运行情况。

（4）交接班前 15min 内，一般不进行重大操作。若交接前正在进行操作或故障处置，应在操作、故障处置完毕或告一段落后，再进行交接班。

（5）交接班工作由交班值调控值长统一组织开展。交接时，全体参与人员应严肃认真，保持良好秩序。

（6）在值班人员完备的前提下，交接班时交班值应至少保留1名调度员和1名监控员继续履行调度监控职责。

（7）交接班完毕后，交、接班值双方调控人员应对交接班日志进行核对，核对无误后分别在交接班日志上签字或确认，以接班值调控值长签名时间为完成交接班时间。

（8）若交接班过程中系统发生故障，应立即停止交接班，由交班值人员负责故障处置，接班值人员协助，故障处置告一段落后继续进行交接班。

二、交接班进行顺序

（1）调控业务总体交接。由交班值调控值长主持，交接班调控人员参加。

（2）调度业务及监控业务分别交接。调度业务交接由交班值调控值长或调度主值主持，交接班值班调度员参加；监控业务交接由交班值调控值长或监控主值主持，交接班监控员参加。

（3）补充汇报。接班值调度主值、监控主值向本值调控值长补充汇报调度业务交接和监控业务交接的主要内容。

（4）调度、监控业务融合的地调、县调可由交班值调控值长主持，同时完成调度、监控业务交接班。

第二节　交 接 班 内 容

一、调控业务总体交接内容

（1）调管范围内一、二次设备运行方式及变更情况。

（2）调管范围内电网故障、设备异常、缺陷情况及处置进展。

（3）调管范围内检修、操作及新设备投产情况。

（4）调管范围内发、受、用电情况。

（5）值班场所通信、自动化设备及办公设备异常和缺陷情况。

（6）电网预警信息、故障处置预案和重要保电任务等情况。

（7）台账、资料收存保管、文件接收等情况。

（8）上级指示和要求。

（9）需接班值或其他值办理的事项。

二、调度业务交接内容

（1）电网电压、重要潮流断面及重载输变电设备运行情况及控制要求。

（2）调管电厂出力及运行情况。

（3）当值适用的新设备投产方案、设备停役申请单、运行方式通知单、电网运行风险预警通知单、电网设备异动情况，操作票执行情况。

（4）当值适用的继电保护定值单、继电保护及安全自动装置的变更情况。

（5）调管范围内线路带电作业情况。

（6）通信、自动化系统运行情况，调度技术支持系统异常和缺陷情况。

（7）其他重要事项。

三、监控业务交接内容

（1）监控范围内的设备电压越限、潮流重载、缺陷闭环、异常及故障处理等情况。

（2）监控范围内的一、二次设备状态变更情况。

（3）监控范围内的检修、操作及调试工作进展情况。

（4）监控系统、设备状态在线监测系统及监控辅助系统运行情况。

（5）监控系统检修置牌、信息封锁及限额变更情况。

（6）监控职责移交及收回情况。

（7）监控系统信息验收、集中监控许可变更情况。

（8）其他重要事项。

第四章　值　班　日　志

第一节　日志管理规定

一、调度日志

调度运行日志分汇总记录、日常记事、电网故障、电网缺陷、稳定限额、接线变化、机组管理、操作管理、计划检修、临时工作、负荷控制、风险管理、调度纪律、和交接班十四个子模块，见表4-1。所有的记录均会在汇总记录中查看。交接班直接在日志中点击"交下值"则可完成。

表4-1　　　　　　　　　　　　　调度运行日志记录分类规范

序号	栏目	记 录 内 容
1	汇总记录	所有模块记录均在汇总记录中体现，也可以直接在汇总记录中生成以下所有模块
2	日常记事	包括工作联系（与上下级调度或平级部门之间工作上的联系，包括告知临时性线路工作等、购电（记录购电事件）、台风（记录台风事件）、冰灾（记录台风事件）及其他（记录所有模块均不适用的事件记录）

序号	栏目	记 录 内 容
3	电网故障	记录电网故障情况
4	电网缺陷	记录电网缺陷情况
5	稳定限额	记录电网越限情况
6	接线变化	记录当天重大接线变化
7	机组管理	记录机组开停机、机组缺陷及机组相关记录
8	操作管理	分为"操作票管理"和"临时操作",临时操作用来记录故障处置时发的临时性正令、预令
9	计划检修	暂不记录,待日后由厂家完成与停役申请单自动关联
10	临时工作	记录内容为临时性的非计划工作
11	负荷控制	记录拉限电事件
12	风险管理	暂不记录
13	调度纪律	记录运行人员到达现场大于规定时间或不接受地调指挥等事件
14	交接班	显示需要交给下值的内容

二、监控日志

监控运行日志栏目较多，为了规范记录方式，规定见表 4-2。

表 4-2　　　　　　　　　　　　监控运行日志记录分类规范

序号	记录类型	记 录 内 容
1	事故处理	监控系统事故类信息及后续的处置
2	异常告警	监控系统异常类信息及后续的处置
3	越限告警	监控系统越限类信息及后续的处置
4	变电缺陷	监控发现的现场缺陷
5	自动化缺陷	监控发现的主站显示异常但想现场设备正常的缺陷
6	操作记录	包含：① 监控遥控操作；② AVC 投切操作等
7	转发记录	远方常态化操作接收预令后和运维站的联系记录
8	告警抑制	对监控系统采取的整站、间隔、单点抑制或延时等记录
9	设备挂牌	对监控系统采取的挂牌记录
10	工作记录	包含：① 许可重启远动；② 监控职责移交等记录
11	监视记录	中间全面巡视记录
12	新设备启动	经变电站集中监控许可后新增或退出当前集中监控责任区的相关记录

序号	记录类型	记 录 内 容
13	限额布置	上级或本级调度布置的限额要求
14	其他	其他的记录要求
15	未结事件	本班的任意记录选中"交下班"后会在下班的"未结事件"中体现。若接班值处理完毕后在"未结事件中"将"交下班"勾去掉，该条记录将不会再往下交。主要用于对重点事件的关注，比如告警抑制、监控职责移交等

第二节 调 度 日 志 记 录

1. 日常记事

（1）日常记事记录规范。用于记录与上下级调度或平级部门之间工作上的联系，包括告知临时性工作、缺陷及故障处置时与各专业部门之间的联系等。

（2）记录要点如下：

必填字段：单位，联系人，时间，类型，事由；选填字段：无，见图 4-1。

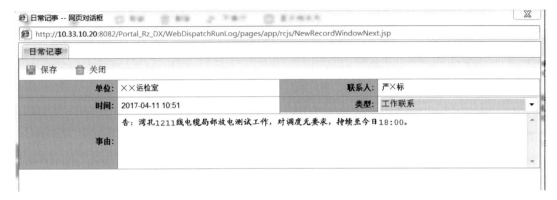

图 4-1 日常记事界面

举例如表 4-3 所示。

表 4-3 工作联系模块常规记录举例

开始时间	记录类型	单位	联系人	事 由	结束时间
2016-4-11 10:51	工作联系	输电运检室	严××	告：湾×1211 线电缆局部放电测试工作，对调度无要求，持续至今日 18:00	

开始时间	记录类型	单位	联系人	事　由	结束时间
2016－4－3　11:58	工作联系	省调	张××	告：因河×变 2 号主变压器临时停役，要求控制 3 号、4 号主变压器下送负荷不超 120 万 kW	

2. 电网故障

（1）电网故障记录规范。用于记录电网设备故障跳闸信息、许可临时紧急缺陷抢修和汇报非计划性工作。

（2）记录要点。电网故障界面如图 4－2 所示。

1）基本信息关键字：时间+设备名称+故障相别+保护信息+重合闸动作情况+保护测距+故障录波器测距+故障电流（变比）+现场设备检查情况。

2）基本信息必填字段：设备名称，电压等级，故障分类，故障类型，故障时间，故障相别；选填字段：设备类型、是否纳入统计——系统默认为选择"是"。

3）监控汇报必填字段：单位，联系人，汇报时间，汇报内容和处置。

4）厂站汇报必填字段：单位，联系人，汇报时间，测距，汇报内容和处置选填字段：天气。

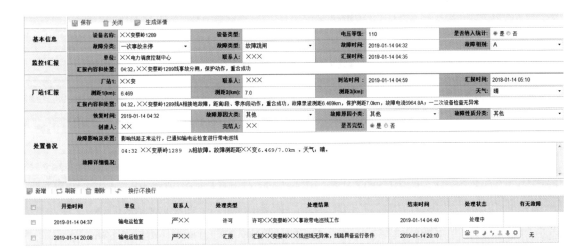

图4-2 电网故障界面

5）处置情况必填字段：恢复时间，创建人，完结人，是否完结，故障影响及处置，故障详细情况；选填字段：故障原因大类，故障原因小类，故障性质分类，故障跳闸模块常规记录举例见表 4 - 4。

6）许可和汇报必填字段：该模块所有内容均为必填。

表 4 - 4 故障跳闸模块常规记录举例

开始时间	记录类型	单位	联系人	事　由	结束时间
2016 - 4 - 3　5:55	事故跳闸	宁×新站	王×海	告：04:32，蔡×变蔡×1289 线 A 相接地故障，距离 I 段、零序 I 段动作，重合成功，故障录波测距 6.469km，保护测距 7.0km，故障电流 6964.8A；一二次设备检查无异常	
2016 - 3 - 16　6:12	事故跳闸	宁×沙站	华×	告：03:44，冷×变冷×1036 线 A 相故障，纵差保护动作，开关跳闸，重合成功，故障电流 45.86A（变比 1200/5），故障测距 2.9km，现场一、二次设备正常	

7）工作许可关键字：安措要求+工作内容，举例见表 4 - 5。注意：许可工作前，要求注明核实安措已满足。

表 4-5　　　　　　　　　　　工作许可模块常规记录举例

开始时间	记录类型	单位	联系人	事　　由	结束时间
2016-4-11　10:55	工作许可	宁×沙站	余×兵	许可邹×变 35kV Ⅰ 段母线压变高压熔丝更换工作	
2016-4-3　5:58	工作许可	输电运检室	严×标	告其：4:32 蔡×变蔡×1289 线 A 相接地故障，距离 Ⅰ 段、零序 Ⅰ 段动作，重合严×标成功，保护测距 7.0km，故障录波测距 6.469km，故障电流 6964.8A，许可蔡×1289 线事故带电巡线工作	

8）工作汇报关键字：工作内容+结论。注意：工作复役要求注明设备具备投运条件。如果是线路故障跳闸巡线结果，要求在结论中包括故障实际位置、原因及对线路运行影响。若前期缺陷具体原因不明，可在工作汇报内记录缺陷原因。举例如表 4-6 所示。

表 4-6　　　　　　　　　　　工作汇报模块常规记录举例

开始时间	记录类型	单位	联系人	事　　由	结束时间
2016-4-20　23:22	工作汇报	宁×沙站	姚×	复役江×变 110kV 母差保护消缺工作,结论可投运。缺陷原因是 110kV 母差保护装置电源板损坏	
2016-4-3　14:46	工作汇报	输电运检室	严×标	复役蔡×1289 线事故带电巡线工作,系 34 号塔遭雷击引起,绝缘子有放电痕迹,对运行无影响	

3. 电网缺陷

(1)电网缺陷记录规范。用于记录电网一、二次设备缺陷情况及后续处置过程。例如:线路闸刀发热、开关机构油压低、直流接地、保护装置异常等。

(2)记录要点。

1)一次缺陷关键字:站名+一次设备间隔+缺陷状况+损坏部件名称+能否继续运行+缺陷定性+调度处理要求+调度联系业务单位。允许根据设备情况缺省部分字段,电网缺陷界面如图 4-3 所示。

电网缺陷							
保存	关闭	生成详情					

设备名称:	湾塘变湾孔1211线正母闸刀		设备类型:		电压等级（kV）:	110	
缺陷分类:	电气缺陷		属性:	一次缺陷未停	缺陷发生时间:	2019-01-14 10:49	
紧急程度:	危急缺陷		单位:		联系人:		
汇报时间:							
汇报内容:							

厂站:	宁湾×站	联系人:	张×华	汇报时间:	2019-01-14 10:59
汇报内容:	告：湾塘变湾孔1211线正母闸刀A相刀口发热，温度143℃，B、C相45℃，环境温度19℃，测温时间10点49分，负荷2.5万kW，不具备运行条件，报紧急缺陷。				
影响及处置:	告其加强测温，告变电检修室吕×斌，要求派人现场复测。告镇海调转移负荷后，温度恢复正常。				
详细情况:	告：湾塘变湾孔1211线正母闸刀A相刀口发热，温度143℃，B、C相45℃，环境温度19℃，测温时间10点49分，负荷2.5万kW，不具备运行条件，报紧急缺陷。告其加强测温，告变电检修室吕×斌，要求派人现场复测。告镇海调转移负荷后，温度恢复正常。				
记录人:	黄×	恢复时间:	2019-01-14 20:56	是否纳入统计:	◉ 是 ◯ 否

图 4-3　电网缺陷界面

必填字段：设备名称，电压等级，缺陷分类，属性，缺陷发生时间，紧急程度，单位（紧急程度后面的单位指的是监控汇报，如监控未进行汇报，则紧急程度后面的单位、联系人、汇报时间、汇报内容则不用填写，如为监控汇报，则单位、联系人、汇报时间、汇报内容均为必填项），厂站，联系人，汇报时间，汇报内容，影响及处置，详细情况，记录人，恢复时间为必填。选填字段：设备类型、是否纳入统计（系统默认为选择"是"）。

举例如表 4-7 所示。

表 4-7　　　　　　　　一次缺陷模块常规记录举例

开始时间	记录类型	单位	联系人	事　　由	结束时间
2016-4-11　10:49	一次缺陷	宁×蛟站	张×华	告：湾×变湾×1211 线正母闸刀 A 相刀口发热，温度 143℃，B、C 相 45℃，环境温度 19℃，测温时间×点×分，负荷 2.5 万 kW，不具备运行条件，报紧急缺陷。告其加强测温，告变电检修室吕世斌，要求派人现场复测	
2016-3-13　12:55	一次缺陷	宁×溪站	黄×平	告：武×变 35kV 3 号电容器 B 相有轻微异响，不影响电容器运行，报重要缺陷；告其加强监视	

2）二次缺陷关键字：站名+二次设备间隔+缺陷状况+损坏部件名称+能否继续运行+缺陷定

性+调度处理要求+调度联系业务单位。

必填字段：设备名称，电压等级，缺陷分类，属性，缺陷发生时间，紧急程度，单位，联系人，汇报时间，汇报内容，影响及处置，详细情况，记录人，恢复时间为必填。选填字段：设备类型、是否纳入统计（系统默认为选择"是"）。

举例如表4-8所示：

表4-8　　　　　　　　　　　二次缺陷模块常规记录举例

开始时间	记录类型	单位	联系人	事　　由	结束时间
2016-3-11　3:26	二次缺陷	宁蛟站	李×	告：湾变湾孔×211线保护装置运行灯熄灭，装置重启无效，保护不具备运行条件，报紧急缺陷。告变电检修室吕×斌	
2016-3-18　11:42	二次缺陷	北××一站	王×伟	告：尖变直流正对地接地（正对地为19V，负对地为-100V），告其按相关规定进行直流拉路，并加强监视。告继保励×伟	

注意：模块中缺陷分类包括电气缺陷、保护及安自装置缺陷、通信缺陷、自动化缺陷、机组缺陷，可以按照实际的缺陷分类对其进行选择。而紧急程度里缺陷又可以分为危机缺陷、严

重缺陷、一般缺陷三种，调度可以根据现场汇报的缺陷定性对此模块进行填写。

4. 稳定限额

（1）稳定限额记录规范。用于记录线路越限等。

（2）记录要点。界面如图4-4所示。

单位：	鄞×调		联系人：	尤×波
时间：	2014-07-20 12:39		类型：	稳定限额
事由	告其：天一3号主变+天新4481线+天乐4482线断面负荷越事故上限（限额58万），要求其控制负荷，确保该断面不越限。告运方王×上事。			

图4-4 稳定限额界面

关键字：联系内容+要求。

必填字段：单位，联系人，时间，类型，事由；选填字段：无。

举例如表4-9所示。

表 4-9　　　　　　　　　　　　工作联系模块常规记录举例

开始时间	记录类型	单位	联系人	事　　由	结束时间
2017-07-20　12:39	稳定限额	勤×调	尤×波	告其：天×3 号主变+天×4481 线+天×4482 线断面负荷越事故上限（限额58万），要求其控制负荷，确保该断面不越限。告运方王×上事	
2017-08-08　11:30	稳定限额	市区×调	林×	告其：大×4477、天×4478 线负荷越限（限额50万，当前50.5万）。告勤×调陈×波。告营销部葛×梁	

5. 接线变化

（1）接线变化记录规范。用于记录比较重大的电网接线方式变化等，界面如图 4-5 所示。

图 4-5　接线变化界面

（2）记录要点。关键字方式变化原因+方式变化情况。

必填字段：时间，单位，联系人，类型，事由，结束时间；选填字段：交下班，关联到。举例如表 4-10 所示。

表 4-10　　　　　　　　　　工作联系模块常规记录举例

开始时间	记录类型	单位	联系人	事　　由	结束时间
2017-05-4　07:48	接线变化	宁慈×站	毕×力	7月1日，贤×变贤×1251线副母闸刀 C 相合不到位，未消缺，目前贤江变贤周 1251 线正母运行	
2017-08-1　06:28	接线变化	宁屯×站	赵×龙	8月1日，阳×变 110kV 母联开关副母闸刀 B 相刀口发热达 153℃，为平衡×1×变 110kV 正副母负荷，将 110kV 泗×变改由×泗 1005 线供电，倒换负荷后测温正常	

6. 机组管理

（1）机组管理记录规范。用于记录机组启、停机，机组故障等，界面如图 4-6 所示。

（2）记录要点。

关键字：联系内容+影响出力+消缺时间+告知运方时间。

必填字段：设备名称，厂站名称，厂站联系人，停机方式，变更时间，结束操作时间，结束状态，详细情况，记录人，事由；选填字段：开始状态，是否共享——默认为"是"。

机组管理

💾 保存　　🗑 关闭　　📝 生成详情

设备名称:	1号机组	厂站名称:	久丰热电
厂站联系人:	张×琦	停机方式:	紧急停运 ▾
变更时间:	2019-01-14 07:28	结束操作时间:	2018-01-14 07:45
开始状态:	运行 ▾	结束状态:	冷备用 ▾
详细情况:	告：久×热电1号机组故障紧急停役，影响出力1万，预计消缺时间为1天。告其联系运方。		
记录人:	黄×	是否共享:	● 是 ○ 否

图 4-6　机组管理界面

举例如表 4-11 所示。

表 4-11　　　　　　　　工作联系模块常规记录举例

开始时间	记录类型	单位	联系人	事　由	结束时间
2017-05-04　07:28	机组管理	久×热电	张×琦	告：久×热电 1 号机组故障紧急停役，影响出力 1 万，预计消缺时间为 1 天。告其联系运方	

续表

开始时间	记录类型	单位	联系人	事　　由	结束时间
2017 - 05 - 12　12:27	机组管理	榭×热电	孙×	告谢×热电 1 号机组故障紧急停役，影响出力 1.7 万，预计消缺时间为 1 天。告其联系运方	

7. 操作管理

（1）操作管理记录规范。用于记录电网计划与非计划临时操作，界面如图 4 - 7 所示。

	时间	单位	联系人	操作票编号	事由	结束时间	交下班	关联到
☐	09-04 19:19:3×					⇕	√	

图 4 - 7　操作管理界面

（2）记录要点。

1）计划操作关键字：联系内容+影响出力+消缺时间+告知运方时间。

必填字段：时间，单位，联系人，操作票编号，事由，结束时间；选择使用功能：交下班，关联到。举例如表 4 - 12 所示。

表 4 – 12　　　　　　　　　　工作联系模块常规记录举例

开始时间	记录类型	单位	联系人	事　由	结束时间
2017 – 05 – 04　07:28	机组管理	久×热电	张×琦	告：久×热电 1 号机组故障紧急停役，影响出力 1 万，预计消缺时间为 1 天。告其联系运方	
2017 – 05 – 12　12:27	机组管理	榭×热电	孙×	告：榭×热电 1 号机组故障紧急停役，影响出力 1.7 万，预计消缺时间为 1 天。告其联系运方	

2）临时操关键字：受令单位，操作内容，发令时间，发令人，受令人、监护人、汇报人和汇报时间等内容记录（模拟更正不用做），备注。

必填字段：受令单位，操作内容，发令时间，发令人，受令人、监护人、汇报人和汇报时间；选填字段：备注。

注意：备注一栏可以用来记录一些特殊事件，如故障处置时运维人员及检修人员从集控站出发到发生事故变电站所需时间，也可以记录在操作过程中闸刀卡滞及处理的简要过程，联系了哪些部门等。

8. 计划检修

（1）操作管理记录录规范。用于记录电网计划工作进度查看，界面见图 4 – 8。

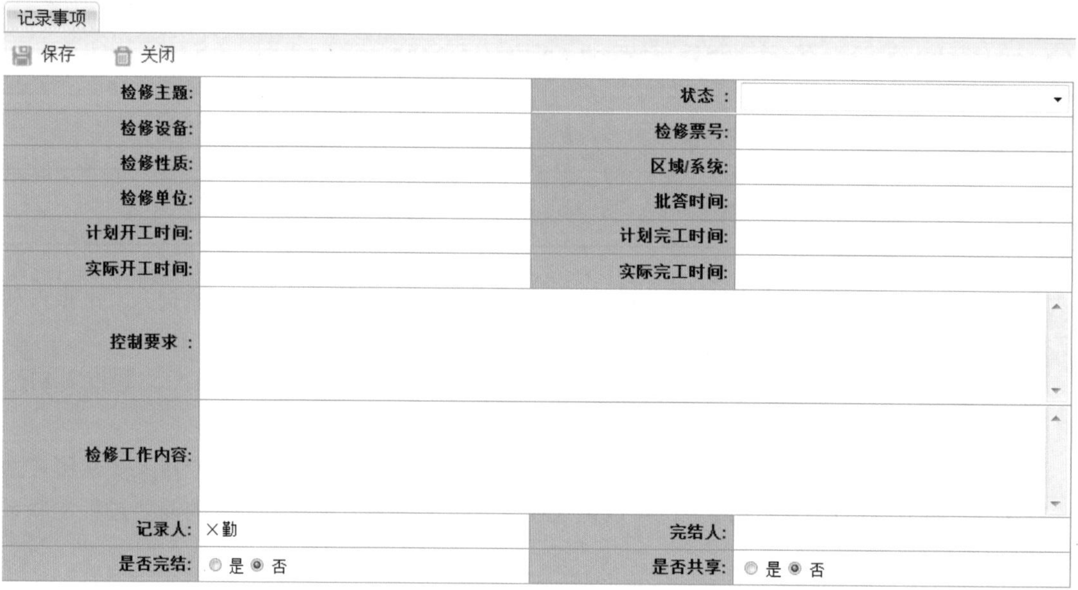

记录事项			
保存 关闭			
检修主题:		状态:	▼
检修设备:		检修票号:	
检修性质:		区域/系统:	
检修单位:		批答时间:	
计划开工时间:		计划完工时间:	
实际开工时间:		实际完工时间:	
控制要求:			
检修工作内容:			
记录人: ×勤		完结人:	
是否完结: ◎是 ◉否		是否共享: ◎是 ◉否	

图 4-8 计划检修界面

（2）记录要点。

关键字：主要检修范围+工作内容+时间要求。

必填字段：检修主题，状态，检修设备，检修票号，检修性质，区域系统，计划开工时间，实际开工时间，计划完工时间，实际完工时间，控制要求，检修工作内容，选填字段：检修单位，批答时间，完结人，是否完结——默认为"否"，是否共享——默认为"否"。

9. 临时工作

（1）临时工作记录规范。用于记录电网临时工作申请处理，界面如图 4-9 所示。

（2）记录要点。关键字：原因+申请时间+要求。

必填字段：临时工作名称，主设备名称，电压等级，申请工作开始时间，申请工作结束时间，工作类别，开工设备状态，是否抢修，工作内容，保护要求，安全措施，恢复要求，申请单位，申请人，实际开工时间，开工申请人，实际完工时间，完工汇报人，设备恢复正常时间。选填字段：主设备类型，设备管辖，紧急抢修必说明，稳定要求，是否纳入统计——默认为否，记录人——默认为记录人员。

10. 负荷控制

（1）负荷控制记录规范。用于记录超电网供电能力、电网故障或有序用电等情况下发令要求拉限电处理，界面如图 4-10 所示。

临时工作					
💾 保存　🗑 关闭					
临时工作名称:					
主设备名称:		**电压等级（kV）:**	▼	**主设备类型:**	▼
设备管辖:		**申请工作开始时间:**		**申请工作结束时间:**	
工作类别:		**开工设备状态:**	▼	**是否抢修:**	◎ 是 ◉ 否
紧急抢修必要说明:					
工作内容:					
保护要求:					
稳定要求:					
安全措施:					
恢复要求:					
申请单位:		**申请人:**		**实际开工时间:**	👥
开工申请人:		**实际完工时间:**		**完工汇报人:**	
设备恢复正常时间:		**是否纳入统计:**	◎ 是 ◉ 否	**记录人:**	胡×

图 4-9　临时工作记录界面

负荷控制

💾 保存　　🗑 关闭　　📝 生成详情

通知时间:	2019-01-14 18:21	通知单位:	××调控中心
通知人员:	涂×恒	负荷控制地区:	××分中心　　▼
控制原因:	断面受限　　▼	控制手段:	拉路　　▼
控制要求:	15	实际控制电力（MW）:	15
实际控制电量（MWH）:		实际拉路条次:	
实际拉路台次:		执行时间:	2019-01-14 18:25
通知恢复时间:	2019-01-14 20:22	通知恢复单位:	××调控中心
通知恢复人员:	涂×恒	恢复时间:	2019-01-14 18:37
详细情况:	告：因春晓变主变越限，要求控制北仑地区负荷15MW，15min控制到位		
记录人:	胡×	完结人:	胡×
是否完结:	◎ 是 ◉ 否	是否共享:	◎ 是 ◉ 否

图 4-10　负荷控制界面

（2）记录要点。关键字：原因+要求。应该有发令时间和执行完毕时间。

必填字段：通知时间，通知单位，通知人员，负荷控制地区，控制原因，控制手段，控制要求，实际控制电力，执行时间，通知恢复时间，通知恢复单位，通知恢复人员，恢复时间，详细情况，完结人。选填字段：实际拉路条次，实际拉路台次实际控制电量，是否完结——系统自动选择"否"，是否共享——系统自动选择"否"。举例如表 4-13 所示。

表 4-13　　　　　　　　　拉限电模块常规记录举例

开始时间	记录类型	单位	联系人	事　　由	结束时间
2016-4-11　10:51	拉限电	×调	张×	告：因春×变主变越限，要求控制北×地区负荷 2 万，15min 控制到位	2016-4-11　11:04
2016-4-11　10:53	拉限电	北×调	俞×斌	告其：因春×变主变越限，要求控制北×地区负荷 2 万，10min 控制到位	2016-4-11　11:03

11. 风险管理：暂不记录

（1）风险管理记录规范。用于记录调度风险预警单、风险分析、管控措施及要求，界面如图 4-11 所示。

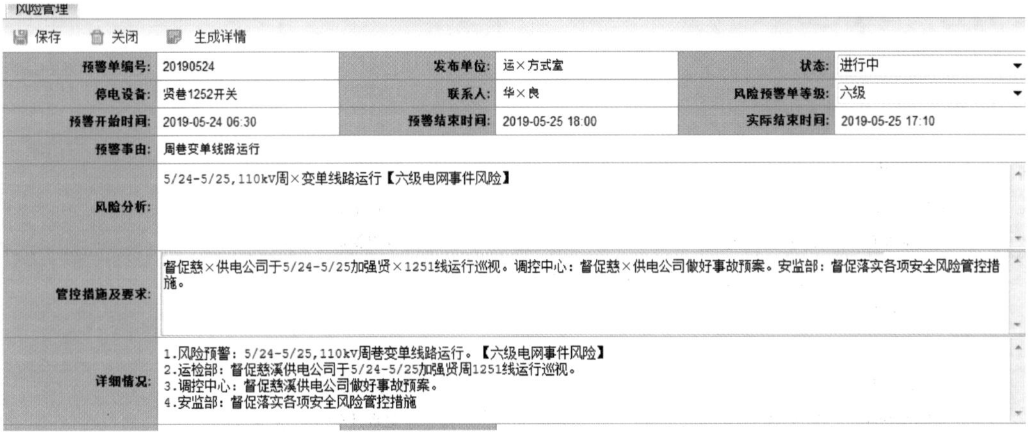
风险管理
保存　关闭　生成详情

预警单编号:	20190524	发布单位:	运×方式室	状态:	进行中
停电设备:	贤巷1252开关	联系人:	华×良	风险预警单等级:	六级
预警开始时间:	2019-05-24 06:30	预警结束时间:	2019-05-25 18:00	实际结束时间:	2019-05-25 17:10
预警事由:	周巷变单线路运行				
风险分析:	5/24-5/25,110kV周×变单线路运行【六级电网事件风险】				
管控措施及要求:	督促慈×供电公司于5/24-5/25加强贤×1251线运行巡视。调控中心：督促慈×供电公司做好事故预案。安监部：督促落实各项安全风险管控措施。				
详细情况:	1.风险预警：5/24-5/25,110kV周巷变单线路运行。【六级电网事件风险】 2.运检部：督促慈溪供电公司于5/24-5/25加强贤周1251线运行巡视。 3.调控中心：督促慈溪供电公司做好事故预案。 4.安监部：督促落实各项安全风险管控措施				

图 4－11　风险管理界面

（2）记录要点。关键字：预警单编号+风险分析。

必填字段：预警单编号，发布单位，状态，停电设备，联系人，风险预警单等级、预警开始时间、预警结束时间、实际结束时间、预警事由、风险分析、管控措施及要求、详细情况。选填字段：无。

12. 调度纪律

（1）调度纪律记录规范。用于记录联系部门电话无人接听及无故不接受调度指令等事件，界面如图 4-12 所示。

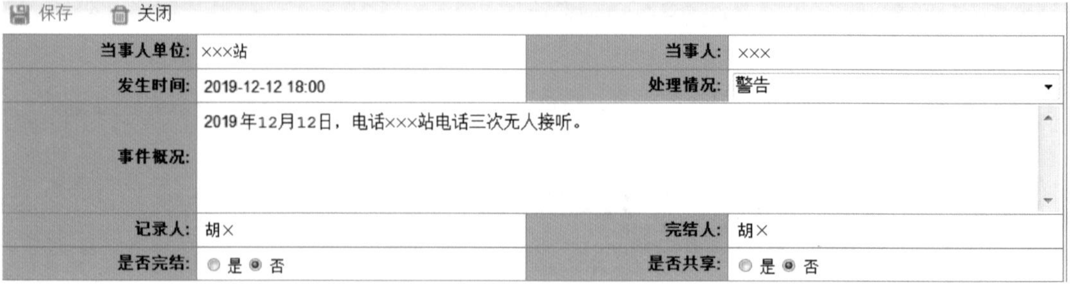

当事人单位：	×××站		当事人：	×××
发生时间：	2019-12-12 18:00		处理情况：	警告 ▼
事件概况：	2019年12月12日，电话×××站电话三次无人接听。			
记录人：	胡×		完结人：	胡×
是否完结：	○ 是 ◉ 否		是否共享：	○ 是 ◉ 否

图 4-12　调度纪律界面

（2）记录要点。关键字：时间+联系内容。

必填字段：当事人单位，当事人，发生时间，处理情况，事件概况，完结人。选填字段：记录人系统会自动填写，是否完结——系统自动选择"否"，是否共享——系统自动选择"否"。举例如表 4-14 所示。

表 4-14　　　　　　　　　　　工作联系模块常规记录举例

开始时间	记录类型	单位	联系人	事　　由	结束时间
2017-04-1　11:31	调度纪律	×××站	×××	2017年4月1日，电话×××站电话三次无人接听	
2017-04-1　11:05	调度纪律	×××站	×××	2017年4月1日，×××站无故不接受调度正令	

第三节　监控日志记录

一、事故处理记录

用于监控系统事故类信息及后续的处理记录。如，各类保护动作、自动装置动作、安全稳定装置动作、火灾报警装置动作等。

记录要点：站名+设备间隔名+保护（自动装置、火灾报警装置等）动作情况+开关变位情况+通知运维站（变电站）+汇报调度。举例如表 4-15 所示。

表 4-15　　　　　　　　　　　　事故处理模块常规记录举例

开始时间	记录类型	单位	联系人	事　　由	结束时间
2017-03-02 11:09:22	事故处理	××站	葛×飞	告其：××变××1109线保护动作，开关跳闸重合失败，要求立即派人现场检查，告地调××	
2016-07-14 13:04:49	事故处理	×调	唐×	13:03××变××4478线第一、二套保护动作、开关跳闸，重合失败，××变××4478线故障停运后监控具备远方试送条件	

记录要点：站名+设备间隔名+保护（自动装置等）相关信号情况+开关变位情况+潮流变化情况+通知运维站+汇报设备调管调度。举例如表 4-16 所示。

表 4-16　　　　　　　　　　　　事故处理模块误发信记录举例

开始时间	记录类型	单位	联系人	事　　由	结束时间
2017-03-17 3:34:40	事故处理	××站	黄××	告其：5:05××变××4P49线开关分合闸一次，开关及两侧闸刀均显示变位，潮流无明显突变，保护电压切换继电器同时动作，保护重合闸闭锁，线路TV二次空开跳开信号动作复归。现场回复由于误发信导致。上事告自动化韩建路，其回复保护动作信号确实未收到。告地调严×上事	

二、监控日志内容

1. 异常告警模块

用于监控系统异常类信息及后续的处理记录。如，智能终端告警、控制回路断线、小电流系统接地、保护装置异常（闭锁，呼唤）、开关本体告警（油压，SF_6，打压超时），测控装置告警（闭锁）、故障录波器异常、主变冷却器故障、母差开入异常、直流系统异常动作及复归等。

记录要点：站名+设备间隔名+异常信息内容+通知运维班+汇报调度。举例如表 4－17 所示。

表 4－17　　　　　　　　　　　异常告警模块记录举例

开始时间	记录类型	单位	联系人	内　容
2017－03－12　12:27:52	异常告警	××站	曹×泉	告其：××变×号主变压器本体端子箱有载油位异常动作。回复 2 月 2 日曾报过一般缺陷，实际设备油位正常。要求再次巡视确认设备有无异常

2. 越限告警模块

记录要点：站名+设备（断面）间隔名+越限内容+越限性质+遥测值+控制措施。举例如

表 4 – 18 所示。

表 4 – 18　　　　　　　　　　　越限告警模块记录举例

开始时间	记录类型	单位	联系人	内　　容
2017 – 03 – 01　12:42:08	越限告警	××调	颉×翔	告其：××变××3917 线电流越正常上限达 457.422A，正常限额 420A，要求立即控制线路负荷不超限
2017 – 05 – 15　0:29:52	越限告警	××调	黄×	6 月 7 日，因××电厂无法按期并网发电（预计 6 月 8 日可顶早峰），××4P73+××4P74+ ×× 4P79+××4P80+××2318 五线断面存在超限风险（限额 85 万）。谓××调做好 110kV ××变由× ×1593 线供全站的遥控操作预案

3. 变电缺陷模块

用于监控发现的现场设备缺陷及消缺情况的记录。记录要点：站名+设备间隔名+监控信号内容+现场信息内容+现场设备情况+对设备影响+缺陷等级+汇报调度。举例如表 4 – 19 所示。

表 4 – 19 变电缺陷模块记录举例

开始时间	记录类型	单位	联系人	内 容
2017 – 03 – 09 12:42:08	变电缺陷	××站	徐×	监控发现××变 10kV 5 号电容器弹簧未储能信号动作，现场回复当地后台信号相同，现场检查 5 号电容器弹贷储能打压电机故陷，影响开关合闸，现场报重要缺陷

4. 自动化缺陷模块

用于记录自动化设备的缺陷，包括主站和厂站自动化设备。如，变电站远动问题、前置机退出、通信中断、画面异常、数据不刷新、数据异常等。记录要点：站名+设备间隔名+监控信号内容+现场信息内容+现场设备情况+缺陷等级+与自动化联系情况。举例如表 4 – 20 所示。

表 4 – 20 自动化缺陷模块记录举例

开始时间	记录类型	单位	联系人	内 容
2017 – 03 – 08 16:42:25	自动化缺陷	××站	孙××	监控发现××变 1、2 号主变压器 35kV 开关潮流数据方向与规定相反，现场后台潮流方向正确，经自动化郓××核查，确认为变电站远动机问题，监控报重要缺陷

5. 操作记录模块

用于记录开关遥控、AVC 投切、主变分接头遥调、二次设备投退等操作。记录要点：发令人+操作任务+操作目的+发令时间+操作结果。举例如表 4-21 所示。

表 4-21　　　　　　　　　自动化缺陷模块记录举例

开始时间	记录类型	单位	联系人	内　容
2017-02-21 13:44:32	操作记录	省调	唐×	正令：××变××线由正母热备用改为正母运行（充电），操作目的计划复役操作。13:49 操作完毕，情况正常
2017-01-08 11:08:58	操作记录	宁××站	陈××	××变××线正母闸刀显示分位，现场实际合位，监控封锁合位

6. 转发记录模块

用于远方常态化操作接受预令和运维站的联系记录。例如省调操作预令。记录要点：发令人+操作任务+操作目的+预定操作时间。举例如表 4-22 所示。

表 4-22 转发记录模块记录规范

开始时间	记录类型	单位	联系人	内 容
2017-03-16 14:44:00	转发记录	省调	唐××	预令：1.××变春×4R03 线由副母运行改为副母热备用（解环）；2.××变郧 4R03 线由正母热备用改为正母运行（合环）。操作目的：春×4R03 线路计划停役检修。预定操作时间：停役 3 月 18 日 6 时 30 分，复役 3 月 19 日 18 时 20 分，告宁江×站乐×豪

7. 告警抑制模块

用于对监控系统采取的整站、间隔或单点抑制记录。例如某一设备警告信息频发将其抑制，设备调试期间将相关信号抑制等。记录要点：站名+抑制对象+抑制原因+对运维单位要求。举例如表 4-23 所示。

表 4-23 告警抑制模块记录举例

开始时间	记录类型	单位	联系人	内 容
2017-01-05 12:50:37	告警抑制	宁××站	余×明	××变待×3520 间隔开关及线路检修状态，控制回路断线信号频发，影响正常监控，监控进行间隔抑制，要求现场检查

8. 设备挂牌模块

用于对监控系统采取的挂牌记录。如，设备检修、冷备用、故障、非自动等标志牌。记录要点：站名+挂牌对象+挂牌原因+挂牌种类。举例如表 4－24 所示。

表 4－24　　　　　　　　　　设备挂牌模块记录举例

开始时间	记录类型	单位	联系人	内　容
2017－01－29 8:39:25	设备挂牌	市区×站	黄×	告××变 10kV 3 号电容器已改为冷备用状态，监控置冷备用牌

9. 工作记录模块

用于记录监控日常工作。例如遥控联调期间测控远方/就地切换的安措布置，整站、间隔或某个信号监控职责下放和收回。记录要点：站名+设备间隔名+工作情况。举例如表 4－25 所示。

表 4－25　　　　　　　　　　工作记录模块记录举例

开始时间	记录类型	单位	联系人	内　容
2017－03－18 12:08:05	监视记录	宁××站	马×飞	××变××1104 线，移交该间隔监控职责至现场

10. 模块记录模块

用于全面巡视记录，每值至少一次。记录要点：巡视内容+巡视结果。举例如表 4-26 所示。

表 4-26 监视记录模块记录举例

开始时间	记录类型	单位	联系人	内 容
2017-03-18 12:08:05	监视记录	地调监控	黄×	全面巡视，发现××变××1304 线遥测数据不刷新，怀疑测控死机，要求运维站现场核查

11. 新设备启动

用于经变电站集中监控许可后新增或退出当前集中监控责任区的相关记录。记录要点：站名+设备间隔名+原因+结果。举例如表 4-27 所示。

表 4-27 监视记录模块记录举例

开始时间	记录类型	单位	联系人	内 容
2017-02-18 12:08:05	新设备启动	宁××站	俞××	××变完成集中监控许可审批，纳入地调集中监控
2017-03-18 9:00:00	新设备启动	市××站	陈×	××变自动化改造退出地调集中监控

12. 限额布置模块

用于新设备限额以及限额变动后的录入情况记录。记录要点：站名+设备间隔名+限额内容+限额有效期+结果。举例如表 4-28 所示。

表 4-28　　　　　　　　　　　　限额布置模块记录举例

开始时间	记录类型	单位	联系人	内　容
2017-02-18 12:08:05	限额布置	自动化	杨×	新×2480+天×4485+天×4486 断面潮流小于 90 万，限额有效时间 2 月 18～28 日，执行完毕

第五章　设　备　运　行　监　视

第一节　信息监视与处置规定

一、一般规定

（1）设备集中监视分为全面监视、正常监视和特殊监视。

（2）全面监视是指监控员对所有监控变电站进行全面的巡视检查，每值至少一次。

（3）正常监视是指监控员值班期间对变电站设备事故、异常、越限、变位信息及输变电设备状态在线监测告警信息进行不间断监视。

（4）正常监视要求监控员在值班期间不得遗漏监控信息，并对监控信息及时确认。

（5）正常监视发现并确认的监控信息应按照《调控机构设备监控信息处置管理规定》要求，及时进行处置并做好记录。

（6）特殊监视是指在某些特殊情况下，监控员对变电站设备采取的加强监视措施，如增加监视频度、定期查阅相关数据、对相关设备或变电站进行固定画面监视等，并做好事故预想及各项应急准备工作。

（7）监控员应及时将全面监视和特殊监视范围时间、监视人员和监视情况记入运行日志和相关记录。

二、监视内容

1. 全面监视内容

（1）检查监控系统遥信、遥测数据是否刷新。

（2）检查变电站一、二次设备，站用电等设备运行工况。

（3）核对监控系统检修置牌情况。

（4）核对监控系统信息封锁情况。

（5）检查输变电设备状态在线监测系统和监控辅助系统（视频监控等）运行情况。

（6）检查变电站监控系统远程浏览功能情况。

（7）检查监控系统 GPS 时钟运行情况。

（8）核对未复归、未确认监控信号及其他异常信号。

2. 特殊监视内容

（1）设备有严重或危急缺陷，需加强监视时。

（2）新设备试运行期间。

（3）设备重载或接近稳定限额运行时。

（4）遇特殊恶劣天气时。

（5）重点时期及有重要保电任务时。

（6）电网处于特殊运行方式时。

（7）其他有特殊监视要求时。

三、监控职责移交

1. 监控职责移交条件

（1）变电站站端自动化设备异常，监控数据无法正确上送调控中心。

（2）调控中心监控系统异常，无法正常监视变电站运行情况。

（3）变电站与调控中心通信通道异常，监控数据无法上送调控中心。

（4）变电站设备检修或者异常，频发告警信息影响正常监控功能。

（5）变电站内主变、断路器等重要设备发生严重故障，危及电网安全稳定运行。

（6）因电网安全需要，调控中心明确变电站应恢复有人值守的其他情况。

2. 监控职责移交流程

（1）监控职责临时移交时，监控员应以录音电话方式与运维单位明确移交范围、时间、移交前运行方式等内容，并做好相关记录。

（2）监控职责移交完成后，监控员应将移交情况向相关调度进行汇报。

3. 监控职责收回

（1）监控员确认监控功能恢复正常后，应及时通过录音电话与运维单位重新核对变电站运行方式、监控信息和监控职责移交期间故障处理等情况，收回监控职责，并做好相关记录。

（2）收回监控职责后，监控员应将移交情况向相关调度进行汇报。

四、监控信息处

监控信息处置以"分类处置、闭环管理"为原则，分为信息收集、实时处置、分析处理三个阶段。

1. 信息收集

调控中心值班监控人员（简称监控员）通过监控系统发现监控告警信息后，应迅速确认，根据情况调用二次设备在线监测、工业视频等系统对以下相关信息进行收集，必要时应通知变电运维单位协助收集：① 告警发生时间及相关实时数据；② 保护及安全自动装置动作信息；③ 开关变位信息；④ 关键断面潮流、频率、母线电压的变化等信息；⑤ 监控画面推图信息；⑥ 现场影音资料（必要时）；⑦ 现场天气情况（必要时）。

2. 事故信息实时处置

（1）监控员收集到事故信息后，按照有关规定及时向相关调度汇报，并通知运维单位检查。

（2）运维单位在接到监控员通知后，应及时组织现场检查，并进行分析、判断，及时向相关调控中心汇报检查结果。

（3）事故信息处置过程中，监控员应按照调度指令进行故障处置，并监视相关变电站运行工况，跟踪了解故障处置情况。

（4）事故信息处置结束后，变电运维人员应检查现场设备运行状态，并与监控员核对设备运行状态与监控系统是否一致，相关信号是否复归。监控员应对事故发生、处理和联系情况进行记录，并按相关规定展开专项分析，形成分析报告。

3. 异常信息实时处置

（1）监控员收集到异常信息后，应进行初步判断，通知运维单位检查处理，必要时汇报相关调度。

（2）运维单位在接到通知后应及时组织现场检查，并向监控员汇报现场检查结果及异常处理措施。如异常处理涉及电网运行方式改变，运维单位应直接向相关调度汇报，同时告知监控员。

（3）异常信息处置结束后，现场运维人员检查现场设备运行正常，并与监控员确认异常信息已复归，监控员做好异常信息处置的相关记录。

4. 越限信息实时处置

（1）监控员收集到输变电设备越限信息后，应汇报相关调度，并根据情况通知运维单位检查处理。

（2）监控员收集到变电站母线电压越限信息后，应根据有关规定，按照相关调度颁布的电压曲线及控制范围，投切电容器、电抗器和调节变压器有载分接开关，如无法将电压调整至控制范围内时，应及时汇报相关调度。

5. 变位信息实时处置

（1）监控员收集到变位信息后，应结合遥测、遥信及遥控情况确认设备变位情况是否正常。

（2）如变位信息与电网事件不对应的（分正常和异常），异常，应根据情况参照事故信息或异常信息进行处置。

6. 告知类监控信息处置

（1）调控中心负责告知类监控信息的定期统计，并向运维单位反馈。

（2）运维单位负责告知类监控信息的分析和处置。

第二节　集中监控发现缺陷闭环管理

　　值班监控员应在当班期间跟踪、掌握集中监控发现重要及以上缺陷处理情况，及时实施缺陷闭环管理，对于逾期缺陷，及时通知设备监控管理人员协调处理。

　　一、缺陷发起

　　由集中监控发现的厂站设备缺陷要及时发起缺陷流程，监控员要准确填写主站端监控信息情况，并按照《调度集中监控告警信息相关缺陷分类标准（试行）》对缺陷准确定性。集中监控缺陷发起流程如图 5-1 所示。

　　二、缺陷验收

　　值班监控员在收到运维人员缺陷消缺完毕汇报后，负责对智能调度控制系统相关监控信息进行核对，确认主站端已恢复正常。涉及远方遥控消缺的，应配合进行遥控验证。缺陷验收完毕后需在 OMS 系统中完成缺陷记录。集中监控缺陷验收流程如图 5-2 所示。

　　三、缺陷跟踪

　　值班监控员应全过程掌控影响集中监控的重要及以上缺陷，对缺陷设备加强监视，对于逾期缺陷，及时通知设备监控管理人员协调处理。

集中监控缺陷处理流程单

编号：SG-201603-0056

▣ 监控员发起

缺陷归属单位	站端	缺陷发生时间	2017-03-02 21:28:06
设备调度命名	#2故障录波器	所属厂站	
发生缺陷设备(检修)		所属厂站(检修)	
设备类型名称(检修)	保护设备	部件名称(检修)	
部件种类(检修)		部位名称(检修)	
缺陷描述(检修)			
缺陷内容	淞浦变 故障录波器屏Ⅳ上的GPS装置经常不定期告警，（近期每天一、二次），可复归，但OP3000监控后台报"#2故障录波器装置异常"，影响正常监控及判断消缺。		
缺陷分类	一般	缺陷处理时限	2018-03-03 21:30:00
备注			
附件			
缺陷发现人	柯×	缺陷发现人单位 宁波供电公司	填报时间 2017-03-03 21:31:52

图 5-1　集中监控缺陷发起流程

■ 消缺确认					
消缺是否通过	是		上传附件		
验收意见	已处理				
确认人	莫×国	确认人单位	××供电公司	确认时间	2017-03-23 14:34:00
■ 设备监控专业统计分析					
备注	已处理				
签收人	莫×国		签收时间	2017-03-23 14:35:00	
■ 设备监控专业归档					
审核意见	已处理				
审核人	莫×国		审核时间	2017-03-23 14:35:00	

图 5-2 集中监控缺陷验收流程

第三节 监控信息分析

结合设备故障、缺陷和运行跟踪情况，分析设备运行安全隐患，对监控信息进行深度挖掘，开展监控事件专项分析，包括事故专项分析、异常（缺陷）专项分析、远方操作专项分析以及其他相关专项分析。

一、事故专项分析

当监控范围设备发生事故时，应开展专项分析并形成分析报告，以下情况应在 24h 内编制分析报告：① 35kV 及以上母线故障跳闸；② 110kV 及以上主变故障跳闸；③ 发生越级故障跳闸；④ 发生保护误动、拒动；⑤ 发生遥控误操作；⑥ 其他需开展专项分析的事故。

二、异常（缺陷）专项分析

在发生下述情况时，应开展异常（缺陷）专项分析并于一周内编制异常（缺陷）专项分析报告：① 漏发或误发重要监控信息；② 重大异常信息处置不准确；③ 同一设备或同类设备多次出现相同异常信息；④ 自动化设备故障导致批迅设备失去远方监视；⑤ AVC 系统自动控制异常导致增加人工操作量；⑥ 其他需要开展专项分析的设备重大异常情况。

三、遥控操作专项分析

在发生下述情况时，应开展遥控操作专项分析并于一周内编制遥控操作专项分析报告：① 人工远方遥控操作不成功；② AVC 系统遥控成功率低。对监控运行和告警信息进行跟踪挖掘发现重大问题时，调控中心组织开展针对性分析讨论，对监控运行产生较大影响的应及时编制专项分析报告。

第四节 信息分析报告

一、报表分类

信息分析报表包括监控信息统计表、监控范围事故跳闸统计分析表、监控范围设备缺陷分析表、监控远方操作分析表、监控职责移交表。

二、监控信息统计表

统计监控信息总体情况，并对频发信息进行统计分析，示例如表 5-1 所示。

表 5-1 监控频发信息统计表

序号	变电站	信息名称	告警次数	频发原因
1	××变	全站事故总信号	94	现场工作引起
2	××变	35kV Ⅱ 段母线间隔开关间隔事故信号	42	电容器投切引起
3	××变	220kV 正母开关汇控柜温湿度控制设备故障、220V 副母开关汇控柜温湿度控制设备故障	174/118	设备正常，由于天气原因造成

三、监控范围事故跳闸统计分析表

监控范围内设备跳闸的记录及相关信息完整性分析，如表 5-2 所示。

表 5-2   事 故 跳 闸 统 计 表

序号	时间	变电站	设备名称	重合情况	监控信息完整性
1	2017-7-7　5:59	××变	××1502 线	重合失败	完整
2	2017-7-8　1:03	××变	××1561 线	重合成功	完整（全站事故总信号尚未投运，通过保护动作与开关变位触发事故分闸）

四、监控范围设备缺陷分析

本周地调监控范围内共发现缺陷×条，按缺陷性质划分，紧急缺陷×条，占缺陷总数的××.×××%；重要缺陷×条，占缺陷总数的××.×××%；一般缺陷×条，占缺陷总数的××.××%；问题缺陷×条，占缺陷总数的××.××%。

本周按设备类型划分，二次设备缺陷×条，占比为××.×××%；一次设备缺陷×条，占比为××.×××%；辅助设备缺陷×条，占比为××.×××%；通信设备缺陷×条，占比为×%。

按处理情况划分，本周新增缺陷×条，消缺处埋×条，历史消缺×条，目前累计未处理×

条（期中问题缺陷×条），期中超周期缺陷×条。

五、监控远方操作分析表

设备远方操作相关信息的记录及分析，如表 5-3～表 5-6 所示。

表 5-3　　　　　　　　　常态化远方遥控操作记录表

序号	变电站	操作次数	成功次数	失败次数	成功率	原因分析
1	××变	5	5	0	100%	
2	××变	4	3	1	80%	××1091 线遥控操作失败，由于测控装置异常引起
3	××变	3	3	0	100%	

表 5-4　　　　　　　AVC 动作成功率低于 90%变电站统计表

序号	变电站	操作次数	成功次数	失败次数	成功率	原因分析
1	××变	26	19	7	73.07%	AVC 遥控执行第一次失败，第二次成功，因通道质量引起
2	××变	6.4	54	10	84.37%	AVC 遥控执行第一次失败，第二次成功，因通道质量引起

续表

序号	变电站	操作次数	成功次数	失败次数	成功率	原因分析
3	××变	6.4	56	8	87.50%	AVC遥控执行第一次失败，第二次成功，因通道质量引起

表 5-5　　　　　　　　　　AVC异常封锁情况统计表

序号	封锁类别	封锁次数	对应厂站情况	原因分析
1	无功不变化	c	××变1次、××变1次、××变5次	无功遥测数据变化上传滞后引起
2	容量不对	5	××变5次	AVC设置容量与实际不符
3	操作失败	2	××变2次	第一次操作失败，第二次成功。
4	预置失败	4	××变1次、××变3次	AVC遥控预置第一次失败，第二次成功，因通道质量引起
5	保测装置故障	2	××变1次、××变1次	动作后延时复归

表 5-6   AVC 动作异常封锁信息表

序号	变电站	设备名称	时间	封锁原因
1	××变	1 号电容器	2017-07-07　14:47:00	母线单相接地
2	××变	3 号电容器	2017-07-09　17:12:00	无功不变化

六、监控职责移交

记录将设备监控权限下放至运维站的相关手续记录、原因的记录，见表 5-7。

表 5-7   本周监控职责变化统计表

序号	移交时间	变电站	移交范围	移交原因	收回时间	备注说明
1	2017-7-7　8:00	××变	所用电交流电源异常、35kV 母线保护装置异常、35kV 母线保护 TV 断线	35kV I 段母线停役引起		新增
2	2017-7-7　10:06	××变	广×2325 间隔	现场消缺工作	2017-7-10　10:35	新增收回
3	2017-7-7　13:15	××变	地调部分监控职责	远动重启	2017-7-7　15:40	新增收回

第六章 调控运行操作

第一节 调控运行操作规定

一、一般规定

（1）调控运行操作应根据调度管辖范围实行分级管理，严格依照调度指令执行，是由地调值班调度员通过"操作指令""操作许可"两种方式进行。

（2）地调管辖设备中属上级调度许可范围的设备状态改变，应得到上级调度机构值班调度员的许可；下级调度管辖设备中属地调许可范围的设备状态改变，应得到地调值班调度员的许可。

（3）属地调管辖范围内的设备，未经地调值班调度员的指令，各级调度机构和发电厂、变电站、变电运维站（班）的运行值班人员不得自行操作或自行指令操作。但对人员或设备安全有威胁者和经地调核准的现场规程规定者除外（上述未得到指令进行的操作，应在操作后立即报告地调值班调度员）。

（4）在决定调控运行操作前，地调值班调度员应充分考虑对电网运行方式、潮流、频率、电压、电网稳定、继电保护和安全自动装置、电网中性点接地方式、雷季运行方式、电力通信等方面的影响。

（5）地调值班调度员在操作前后均应核对调度自动化系统接线图，应经常保持调度自动化系统接线图与现场情况相符合。

（6）计划操作需填写操作票，经过多值审核后，在操作前一天预发操作任务到变电运维站（班）。

（7）临时性操作，由值班调度员填写操作票，调控长审核，并尽可能提前预发到变电运维站（班）或现场，使变电运维站（班）或现场做好操作准备。

（8）调控机构值班监控员负责完成规定范围内的监控远方操作。监控远方操作前，值班监控员应考虑设备是否满足远方操作条件以及操作过程中的危险点及预控措施。监控远方操作后，值班监控员应检查设备的状态指示、遥测、遥信信号的变化情况，至少应有两个非同样原理或非同源的指示发生对应变化，且所有指示均已同时发生对应变化，才能确认该设备已操作到位。若对设备状态有疑问，应通知输变电设备运维人员核对设备运行状态。

（9）监控远方操作无法执行时，调控机构值班监控员可根据情况联系输变电设备运维单位进行操作。

二、有权接受调度指令的人员

值班调度员发布的操作指令（或操作预令、许可等）一律由"有权接受调度指令的人员"接令，非上述人员不得接受值班调度员的指令，值班调度员也不得将调度指令发给不可以接受调度指令的人员。"有权接收调度指令的人员"原则上是指取得调度系统值班技术资格的运行正值及以上人员，其名单应经主管单位批准后，根据设备调管范围，报相关调度。

调度系统中有权接收调度指令的人员如图6-1所示。

有权接收调度指令人员

1. 本级调度控制机构值班监控员

2. 下级调度控制机构值班调度员

3. 下级调度控制机构值班监控员

4. 发电厂及用户值长或电气班长

5. 已发文具备接令资格的输变电运维人员

图6-1 有权接收调度指令的人员

第二节 调 度 操 作

为了保证调控运行操作的正确性，地调值班调度员对计划操作应严格执行拟写操作票、审核操作票、发布预令、执行正令、操作票归档、申请单终结流程。

一、拟票准备

计划停复役操作申请单提前三个工作日提交到调度台，调度提前两天拟写操作票；新设备投产启动方案提前五个工作日提交到调度台。调度提前三天拟写操作票。拟票前应核对周计划，在OMS 系统里查找并审核输变电设备停电申请单，涉及到整定单定值更改应附上相应整定单，审阅输变电设备停电申请单步骤如下：

（1）仔细阅读输变电设备停电申请单各项内容（见图 6-2），包括工作单位、停电设备、工作内容、停电项目名称、安全措施简图、各专业审核、领导审核、运方批复、计划停复役时间及其他相关附件。

（2）审阅设备停役申请单时应确认申请单所列停电项目名称满足工作内容需要，附件中安全措施简图应与停电项目名称一致。发现安全措施简图与停电项目名称不一致时，应与申请单批复人员或工作联系人重新确定工作内容和安全措施。

（3）查看运方、继保等专业批复的意见是否合理，充分考虑该操作任务对系统接线方式、潮流分布、负荷平衡、设备限额、保护和安全自动装置、系统中性点接地方式、雷季运行方式等各方面的影响，运方、继保等专业批复的内容是否正确。

（4）对运方、继保等批复意见有疑问时，应及时联系相关批复人员，询问批复意图、有无遗漏等问题，经双方确证无疑义后，方可按批复意见拟写操作票。如需修改批复意见的应由运方、继保等人员在申请单上标注，写明修改原因并签名。

××供电公司电力调控中心设备检修申请单

工作单位：方×变　　编号：金华地调201706224　　PMS编号：

停电设备	方石1691线；方望1694线；太岩1478线；		
申请单位	××供电公司	申请人/电话	方凯/13750989332（679332）
天气情况	[illegible]	现场申请	
施工受令人（联系人）联系方式	方凯/13750989332（679332）		
工作内容	1、太岩1478开关及线路间隔设备检修预试、保护及自动化校验，相关反措和安评整改；线路压变端子箱更换； 2、方石1691开关及线路间隔设备检修预试、保护及自动化校验，相关反措和安评整改；线路压变端子箱更换； 3、方望1694开关及线路间隔设备检修预试、保护及自动化校验，相关反措和安评整改；		
停电项目名称	1、太岩1478开关及线路改检修； 2、方石1691开关及线路改检修； 3、方望1694开关及线路改检修；		
安全措施复役要求			
申请工作时间	2018-06-25 05:00 ~ 2018-06-27 23:00		
批准工作时间	2018-06-25 05:00 ~ 2018-06-27 23:00		
省调批准日期			
通知书	通知时间		
	通知人		
停役时间		开始调度员	
复役时间		结束调度员	
关联申请			
备注			

运方批复	意见	太岩1478线停役，参照[illegible]14条执行（规程编号：2017006）。太岩1478线[illegible]。 方望1694线停役，参照[illegible]15条执行（规程编号：2017006）。方望1694线[illegible]。 方石1691线停役，参照[illegible]4条执行（规程编号：2017053）。方石1691线两侧[illegible]检修。 计划工作时间：2017-06-25 09:00—2017-06-27 21:00		
	批复人	许×平	批复时间	2018-06-19 10:42
继保审核	意见	太岩1478线路保护执行新整定单，同意。		
	审核人	徐×	审核时间	2018-06-13 14:12
方式审核	意见			
	审核人		审核时间	
自动化审核	意见			
	审核人		审核时间	
调度审核	意见			
	审核人		审核时间	
通信审核	意见			
	审核人		审核时间	
监控审核	意见			
	审核人		审核时间	
领导审核	意见	同意		
	审核人	董×	审核时间	2018-06-15 13:35

图 6－2　地区供电公司电力调控中心设备检修申请单

二、开始拟票

（1）核对一、二次设备的运行方式，充分考虑工作内容及安全措施的要求，明确设备的最终状态并用状态术语进行描述。当设备停役涉及多个变电站时应明确各变电站之间的主从关系，可以将多个工作面合理地组合到同一个操作任务中。

（2）拟票时使用调度智能防误操作任务票系统。其中操作票类型分为计划停役票、计划复役票、临时停役票、临时复役票、启动票。各类型详见表6-1。拟票时应使用规范的三重命名，即：变电站名、设备的双重命名。

表6-1 操作票系统分类拟写规范

序 号	类 型	说 明
1	计划停役票	拟写计划停役操作票
2	计划复役票	拟写计划复役操作票
3	临时停役票	拟写临时停役操作票
4	临时复役票	拟写临时复役操作票
5	启动票	拟写启动票

（3）当涉及合解环、解并列，合环操作前确证是否同一供区，做好合环前潮流计算，两侧电压差、相角差和合环时潮流满足要求；解环后，相关设备的有功、无功潮流、电压情况等满足要求。线路保护根据继保专业要求进行投退（若有过流或合环解列保护的则应在合环时投入，解环后退出）。

（4）线路改检修前应确认线路各侧已处冷备用，线路改运行操作前应确认线路各侧已处冷备用。

（5）停主变压器或线路前应确认相关联设备不越限。

（6）电容器、电抗器等设备停役操作应确认处热备用。

（7）设备复役前应核对该设备所有相关联工作均已结束。

三、审核操作票

（1）当班审核。拟票完成后，先自审无误后提交当班值内审核。审核中发现问题应由拟票人修改，审核无误后签名，完成当班拟票及审核工作。

（2）过班审核。各值人员审票，如有疑问应向拟票人询问清楚，确需修改的一般由审核人员进行修改，修改完毕后应告知拟票人，审核无误后在审票人一栏签名。

（3）审核操作票要点：① 符合调控规程规定、申请单等要求；② 完成预定的计划检修工作任务；③ 调度指令正确；④ 设备名称及编号正确，使用标准的调度术语和调度命名；⑤ 停送电的解、合环点正确；⑥ 继电保护、安全自动装置配合正确；⑦ 设备及断面无越限，电压无越限；⑧ 变压器分接头位置、中性点接地方式满足要求；⑨ 其他特殊操作规定。

四、发布预令

（1）预令一般在计划检修前一大发布。临时性操作，应尽可能提前预发到变电运维站（班）

或变电站。操作指令票审核后，按流程发布操作预令，操作步骤如下。

1）通过调度智能防误操作任务票系统，发送至相应受令单位，通知对方接受并核对操作任务，说明操作目的、预定操作时间后，做好电话录音，并填写预令人、预发时间、受预令地点及人员，预令操作填写规范如图6-3所示。

$$\times \times 地调操作指令票$$

类型:	计划复役票	编号: 20170618006	申请书号: ××地调201706098、××地调201706097		
工作内容:	兰×变,110kVⅡ单元　×溪1685线路复役			拟票日期:	2018-6-18
拟票人:	余×,胡×恒			执行日期:	2018-06-22
序号	受令单位	操作内容			备注
1	×溪调控中心	汇报: 兰×变110kVⅡ单元、×溪1685开关及线路设备、110kVⅡ段母线故障解列装置、110kVⅡ段母线低频减载装置检修工作全部结束, 2#主变更换工作范围内的一、二次设备安装调试工作全部结束, 现场接地线已全部拆除, 工作人员全部撤离, 一次设备到相位正确, 二次保护试验正确且处停用, 现2#主变110kV有载分接头处于额定挡, 110kVⅡ单元处停用, 所有保护已按公司继保整定单执行, 核对正确, 现场设备验收合格, 具备启动投送条件, 申请110kVⅡ单元复役, 回告同意			
2	×溪局操作站	兰×变　×溪1685线路由检修改冷备用			
3	×村送维班	云×变　×溪1685线路由检修改冷备用			
4	×村送维班	云×变　告他: ×溪1685线路对剖已处冷备用			
5	×村送维班	云×变　×溪1685线路由冷备用改正母备用			
6	×村送维班	云×变　许可: 停用×溪1685线路重合闸			
7	220kV监控	云×变　×溪1685开关由正母备用改正母运行(充线路)			
8	×溪调控中心	告他上述, ×溪1685开关对2#主变送电冲击, 2#主变空载启动			
9	×溪调控中心	汇报: ×溪变2#主变启动投产结束, ×溪恢复分列运行(2#主变本体、有载重瓦斯保护改24小时), 110kV备用电源自投装置、110kV母分开关备用(需投停役)、×溪变35kV母分、10kV开关备用电源自投装置、110kVⅡ段母线故障解列装置已投入			
10	×村送维班	云×变　许可: 投入×溪1685线路重合闸			

审 核 人: 谢×慧,王×,廖×,周×炎,余×,胡×恒

预 令 人:	周×	预令时间: 2018-6-21 13:40
受预令地点及人员:	兰×调控中心: 郑×雷　×村送维班: 严×斌　×溪局操作站: 唐×　监控: 赵×	

图6-3　调度智能防误操作任务票系统预令操作填写

2）用户变、电铁、电厂等无调度智能防误操作任务票系统的受令单位，应通过电话或传真预发，并核对相应指令接收正常。

（2）受令人员应掌握操作指令注意事项和要求，结合现场设备实际情况，确认预先下发的操作指令票无误，如对操作指令有疑问或异议，应及时提出，调度员应做好及时沟通工作。

（3）调度员对各相关单位接受预发操作任务的情况进行核对，确认各单位在操作票系统中都接收到预令（见图6-4），核对无误后闭锁预令，进入操作票执行阶段，如操作票有修改需重新预发操作任务。

图6-4　调度智能防误操作任务票系统预令

五、执行正令

（1）操作前准备。

1）明确当值操作任务，申请单分类整理，按"今日、明日、后日"申请单归类，检查申请单上停役设备、时间、批复意见等重要内容有无改动。

2）停复役前打开接线图，仔细检查操作相关变电所一次方式与操作前状态一致，无异常告警信号，同时确认当地天气状况符合操作条件。

（2）电网中正常调控运行操作，尽可能避免在下列时间进行：① 值班人员交接班时；② 电网接线极不正常时；③ 电网高峰负荷时；④ 雷雨，大风等恶劣气候时；⑤ 联络线输送功率超过稳定限额时；⑥ 电网发生故障时；⑦ 地区有特殊要求时等。

（3）打开调度智能防误操作任务票系统中相应的操作票，转执行后，经监护人申请授权确认执行，做好记录。

1）与运维人员互报单位、姓名。运维人员：你好，××变××；地调：你好，××地调××。

2）发布调控运行操作任务。地调：××变操作正令1个：宾×1607线路由冷备用改检修；运维人员：××地调××发布正令1个：宾×1607线路由冷备用改检修。

3）对方复诵无误后，回答"对，执行，正令时间×时×分。""正令时间"是值班调度员许可执行调度指令的依据，现场值班人员未接到"正令时间"不得进行操作。

4）在操作票系统中操作票上相应位置记录发令时间、受令人等内容。

5）在操作票中所列顺序依次发布操作任务、不提倡跳步操作；防止因跳步操作而产生误操作事故。严禁由两个调度员同时按照同一份操作票分别对两个单位下达调度命令。严禁约时操作。

（4）操作结束汇报。

1）与运维人员互报单位、姓名。

2）逐项接受操作汇报，运维人员汇报操作结束时，应报"结束时间"，并将执行指令报告一遍，值班调度员复诵一遍，汇报人应复核无误。"结束时间"应取用汇报人向调度汇报操作执行完毕的汇报时间，它是运行操作执行完毕的根据，值班调度员只有在收到操作"结束时间"后，该项操作才算执行完毕，并记录操作结束时间、操作情况。严格执行复诵制度，防止出现漏听、误听事故；操作中出现异常情况应做好记录工作。

3）在操作票系统中操作票中相应位置填写汇报人姓名、汇报时间，模拟更正栏中打勾，如图 6-5 所示。

4）当操作执行过程中出现不能执行的操作指令时，应不执行操作，在该步骤上盖不执行章，并将原因在操作步骤上予以备注说明。

5）逐项许可工作,注意带电设备与工作区域的交接点,注意线路工作是否存在配合工作的问题。

6）当值调度员要及时完成设备停役申请单，并在 OMS 系统上同步流程操作。

图 6-5　调度智能防误操作任务票系统执行指令操作

7）若有相关配合工作的，需等所有工作结束汇报完成，具备复役条件后方可进行复役操作。

六、归档

（1）复役操作完毕后，当值调度员负责在设备停役申请单上填写复役时间及发令人、监护人姓名，系统加盖"已执行"印章，调度班安全员对已执行的操作票进行审核，无误后，进行归档。

（2）在 OMS 系统中，当值调度员负责填写工作结束汇报时间，汇报人姓名，操作结束完成时间，汇报人姓名，归档设备停役申请单，如图 6-6 所示。

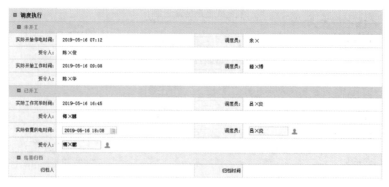

图 6-6　OMS 系统中填写、归档申请单操作

第三节　监　控　操　作

一、操作范围

（1）具备远方操作的开关、闸刀、主变分接头和二次设备。

（2）开关常态化远方操作适用类型：线路开关的计划停送电（线变组开关、涉及主变停送电的线路开关除外)、合解环等操作方式；设备异常及故障应急处置。

二、监控操作过程

（1）接令。监控正值接受调度发布的预令，做好记录。

（2）拟票：① 监控正值接受调度预令，核对运行方式；② 监控副值进行拟写监控操作票，监控正值审核；③ 做好预控措施。

（3）执行。

1）监控员在操作前核对当时运行方式。

2）监控正值接受调度正令并做好记录，监控副值核对录音电话确认正令内容无误，通知相关运维人员。

3）操作采用双人双机模式，监控副值操作、正值监护。监控副值在智能调度技术支持系统中打开执行操作界面，如图6-7所示，在输入操作密码后，监控正值输入监护密码确认后，监控副值点击执行，操作过程中执行唱票、复诵制度，按票逐条打勾操作。调度技术支持系统有防误功能的则应调用防误进行操作。

4）操作完毕，核对相关信号复归，确认遥测、遥信正确，记录操作后的潮流变化，汇报调度，告知相关运维人员操作情况。

5）若此操作关联现场其他操作或工作，监控员应根据现场操作汇报情况做好调度自动化系统中挂牌置位工作，确保调度自动化系统与实际相符。

（4）归档。① 操作完毕，检查操作票，盖已执行章，如图 6-8 所示；② 监控班安全员对已执行的操作票进行审核，无误后，进行归档。

××电力调度控制中心监控遥控操作票

单位：连×变		类型： 监护下操作		编号： 201803208	
发令人	詹×	受令人	宋×军	发令时间	2019-05-01 22:05
操作开始时间	2019-05-01 22:07		操作结束时间		
操作任务	连杭变连道2R98线由副母热备用改为副母运行（合环）				

顺序	操 作 及 检 查 项 目	结果
1	检查监控后台连道2R98线开关确在副母热备用	√
2	检查监控后台连道2R98线线路侧同期电压正常	√
3	合上连道2R98线开关	
4	抄录监控后台连道2R98线合环电流 A	
5	检查监控后台连道2R98线开关位置合闸变位、报文、光字正确	
6		
7		
8		
备注	此票为练习票！！！！！！	

操作人： 秦×明　　监护人： 陈×青　　值长： 宋×军

（预开票人： 秦×明　　审票人： 宋×军　　　　　　）

图 6-7　操作票执行操作界面

××电力调度控制中心监控遥控操作票 [合格]

单位：百×变　　　类型：　　监护下操作　　　编号：201901166

发令人	丁×	受令人	宋×军	发令时间	2019-01-26 19:28
操作开始时间	2019-01-26 1 :29			操作结束时间	2019-01-26 19:35

| 操作任务 | 百桃变店桃4468线由副母热备用改为副母运行（合环）. | | | | |

顺序	操 作 及 检 查 项 目	结果
1	检查监控后台店桃4468线开关确在副母热备用	√
2	检查监控后台店桃4468线线路侧同期电压正常	√
3	合上店桃4468线开关	√
4	抄录监控后台店桃4468线合环电流 198 A	√
5	检查监控后台店桃4468线开关位置合闸变位、报文、光字正确	√
6	已执行	
7		
8		
备注		

操作人：　徐×　　　　　监护人：　郑×　　　　　值长：　宋×军

（预开票人：徐×　　　　　审票人：　沈×栋、宋×军　　　　　　　　）

图 6-8　操作票操作完毕界面

（5）远方操作调度典型操作任务规范。

1）单母、单母分段接线的线路操作：① ××开关由运行改热备用；② ××开关由热备用改运行。

2）正、副母线的线路开关操作：① ××开关由正（副）母运行改正（副）母热备用；② ××开关由正（副）母热备用改正（副）母运行。

3）正、副母分段接线的线路开关操作：① ××开关由正（副）母×段运行改正（副）母×段热备用；② ××开关由正（副）母×段热备用改正（副）母×段运行。

（6）操作过程其他要求。

1）计划性开关远方操作，地调调度宜提前一天预令给各级监控，以便做好操作准备。

2）监控员操作完毕后要做好总结评估工作。

第七章 电网限额管理

第一节 限额管理规定

一、限额类别

（1）长期限额。长期限额分线路静态输送限额和主变静态输送限额。线路静态输送限额表每年更新一次，分春秋季和夏季。线路的静态输送限额受到导线、线路开关、线路闸刀、阻波器、流变等设备和站内间隔的设备连线、阻波器下引线的共同制约，在运行中按其中最小允许值控制。每年迎峰度夏前应根据发布的限额进行全面核对和维护。

（2）临时限额。因电网运行方式变化或设备缺陷，需要临时控制的设备、断面的输送限额。运行方式恢复或缺陷消除后，限额取消。

（3）检修限额。因电网部分设备停役检修，需要控制相关断面或运行设备的输送限额。当检修工作结束，恢复正常运行方式后，限额取消。

二、限额控制规定

（1）设备不得无限额运行。设备限额发布后，地区调控应在调度技术支持系统中完成设备限额设置，值班监控员应根据相关限额监视设备输送潮流，严禁超限额运行。

（2）安排方式时，做好预控措施，确保正常情况下不发生越限，在可能越限的情况下明确限额监视要求和调节手段。

（3）控制限额可能需要限制负荷的，须在方式安排时提前告知营销部门做好用户通知工作，所限负荷不在超电网供电能力拉电序位表、事故拉电序位表的，要求营销部门执行有序用电措施，确保不超限额运行。

第二节 限 额 监 视

一、限额设置

（1）在调度支持系统中设置限额监视画面，可根据需求分主设备监视限额、断面稳定限额等几类。在 SCADA 系统中，按照限额设定报警值，报警值一般为限额值的 90%～95%设置。根据需求地区监控可以设置大于限额 80%～85%的主变压器、线路等设备重载监视页面，用于重载设备预警，如图 7-1 所示。

图 7－2 所示是断面监视画面，画面包含断面名称，当前值、限额，并按照限额的 90%～95% 设定报警值。

全地区线路重载监视 >=85%负载率

	厂站ID	设备名称	实时电流	额定电流	负载率
1	冷香变	冷东1035线	517.50	600.0	86.25
2	科丰电厂	新丰1362线	355.42	400.0	88.85
3	芦江变	三山3115线	318.67	356.0	89.51
4	环艳变	屏艳3063线	273.53	312.0	87.67
5	候青变	青河3654线	459.01	535.0	85.79
6	渔溪变	青河溪3854线	458.19	535.0	85.64

图 7－1　地区电网线路重载监视页面

	控制关口	限额(MW)	实时值(MW)	差值状态	联系单(控制时间)
1	河姆变3台主变	2000.0	1833.17	正常	长期，0.95倍限值开始告警
2	姆屯4P75+姆山4P76双线	320.0	214.29	正常	长期，0.95倍限值开始告警
3	天一#3 <65万控天一#3江长江石94万(镇江送长石)	940.0	0.0	正常	注：天一3号主变60—65万时才显示值
4	天一#3主变+天新4481+天乐4482(新乐送天一)	580.0	440.69	正常	长期，0.95倍限值开始告警
5	春芦4R15+晓芦4R16	650.0	524.99	正常	长期，0.96倍限值开始告警
6	天通4477+天桥4478	500.0	390.15	正常	长期，0.95倍限值开始告警
7	江都2331+春江4R09+春南4R10	490.0	361.83	正常	长期，0.95倍限值开始告警
8	天一#3 <60万控天一#3江长江石100万(镇江送长石)	1000.0	733.12	正常	注：天一3号主变<60万时才显示值
9	天一#3主变+镇新2305+镇乐2306(镇海送新乐)	890.0	681.52	正常	长期，0.95倍限值开始告警
10	天一3号主变限额65万	650.0	536.88	正常	长期，0.95倍限值开始告警
11	屯侨2318+姆阳4P73+姆明4P74+姆溪4P79+姆凤4P80	850.0	691.82	正常	长期，0.95倍限值开始告警
12	春江4R09+春南4R10	320.0	206.36	正常	长期，0.95倍限值开始告警
13	长石变2号主变低压侧(电流值)	1260.0	320.0	正常	长期，0.95倍限值开始告警

图 7－2　地区电网稳定限额控制页面

（2）临时限额或检修方式限额的监视由调控员通知自动化运维人员，在方式改动前做好限额监视画面的参数设置。临时限额或检修方式限额取消后，由调控员通知自动化运维人员，从实时限额监视画面中取消。

二、限额监视

（1）地区调度员将限额监视要求拟进相应的设备停、复役操作票中，执行时，通知值班监控员做好监视工作。

（2）对于母联开关的限额监视，正常不设限额控制，当运行方式发生变化时，根据需要设置相应限额并实时监视。运行方式恢复后，限额监视相应取消。

第三节 超 限 控 制

一、控制措施

（1）监控系统告警提示限额越限预警时（通常为限额的 90%～95%），调度员可采取的主要控制措施如下：① 调整相应电厂的出力；② 请求省调协助；③ 调整电网运行方式；④ 通知营销部门做好有序用电、负荷错避峰，对负荷数量和时间提出明确要求；⑤ 通知营销部门、相关县调做拉限电准备。

（2）一般调整运行方式可能会造成电网薄弱、操作风险或者其他限额问题，需要综合评估。

如果设备正常考虑限额的裕度，参照设备输送限额相关规定执行。

二、越限处置

（1）监控系统告警提示超 100%限额越限时，经上述手段调整后设备或断面超限仍未消除的，汇报领导后进行拉限电。按照事先准备的超电网供电能力限电序位表进行拉限电。若拉限电后仍不满足需求，则汇报领导后，按照负荷重要性择轻避重的原则进行拉限电，通知营销部门，确保断面或设备不超限为原则，并做好记录。

（2）地调接到上级调度提出的限额控制时，应按照要求及时执行限额控制，并做好记录。

三、限额运行后评估

（1）每月定期对设备的超限情况进行统计分析。超限情况统计表格式如表 7-1 所示。

表 7-1　　　　　　　　　　　　具体越限断面统计表

序号	断面	有效限额	越限次数	本月越限最大值		本月越限最大持续时长				累计越限时长	备注
				最大值	开始时间	时长	开始时间	结束时间			
1	××	50	1	52	2017-5-8 10:12	25min	2017-7-8 10:12	2017-7-8 10:37	56min	

（2）定期对设备运行进行后评估，分析总结制订后续预控措施。内容包括潮流越限情况后评估、潮流重载情况后评估，对越限情况进行原因分析和问题跟踪。

第八章 无功电压控制

第一节 无功电压控制规定

一、控制原则

（1）各级调度机构按调管范围负责地区电网各级运行电压的监视、调整和控制，无功电压管理的基本原则是分层分区、就地平衡，应优先采用 AVC 自动控制。值班调度员和监控员严格按照省调无功电压控制要求进行监控。

（2）对特殊运行方式，包括节假日、迎峰度夏大负荷、特殊天气、电网特殊停电方式根据需要进行无功电压研究分析，制定专项电压控制预案。值班调度员和监控员严格按照专项控制预案进行监控。

二、电压允许偏差范围

正常运行方式时，变电站 220kV 母线电压允许偏差为系统额定电压的 −3%～+7%（214～236kV）；故障运行方式时为系统额定电压的 −5%～+10%。

发电厂和 220kV 变电站的 110～35kV 母线正常运行方式时，电压允许偏差为系统额定电压

的 $-3\%\sim+7\%$；故障运行方式时为系统额定电压的 $\pm10\%$。

地区供电负荷的变电站和发电厂（直属）的 10（6）kV 母线正常运行方式下的电压允许偏差为系统额定电压的 $0\%\sim+7\%$。

第二节　无功电压调整措施

一、无功调节常见措施

（1）发电厂、变电站电网电压调整和无功控制采取就地补偿原则，应优先采用 AVC 自动控制，兼顾上、下级电网无功电压的调节，提高电网整体电压合格率。当本级调度机构电压超出规定范围且无调整能力时，应首先会同下级调度机构在本地区内进行调节，经过调整电压仍超出合格范围时，可申请上级调度机构协助调整。

（2）调度机构应根据"分层分区，就地平衡"原则，采取必要措施调整电网无功，主要措施包括：① 调整无功补偿装置运行状态；② 调整调压变压器分接头位置；③ 调整电网运行方式，改变潮流分布，包括转移或限制部分负荷；④ 调整发电机、调相机无功出力；⑤ 调整风电场的风电机组、光伏电站的并网逆变器、新能源电站 SVG 装置的无功出力；⑥ 其他可行的调压措施。

（3）调度机构负责监控范围内变电站无功电压的运行监视和调整，依照有关部门下达的监视参数进行运行限额监视，发现变电站电压、功率因数越限，应立即采取措施，调整电压、功率因数在合格范围内。

二、变电站的无功和电压调整

（1）地县各级调度机构根据监控范围，负责监视变电站母线电压，根据电压曲线和相关规定的要求，进行电压调整，无功补偿装置投退；若采取有关措施后，电压、功率因数仍不能满足要求，值班监控员应及时汇报值班调度员协助调整，涉及上下级调度的应及时联系上下级值班监控员，由上下级值班监控员协助调整。

（2）值班监控员做好变电站无功补偿装置及调压装置正常监视工作，发生设备故障告警时，通知变电运维人员进行检查处置，保持设备完好状态，确保无功补偿装置及调压装置可用率达到要求。

三、发电厂的无功和电压控制

（1）发电厂运行值班人员应密切监视本厂母线电压，按照调度部门下达的无功出力或电压曲线，进行机组无功调整，严格控制母线电压。当调整发电机无功出力达到最大进相或滞相能力后，母线运行电压仍超出电压曲线范围时，应及时向地调值班调度员汇报。

（2）高峰负荷时，应按发电机 P—Q 曲线所规定的限额，增加发电机无功出力，使母线电压逼近电压控制值的上限运行。低谷负荷时，应按发电机最高允许力率，降低发电机无功出力，使母线电压逼近电压控制值的下限运行。

（3）轻负荷时，使母线电压在电压控制值上下限之中值运行。

（4）带有地区负荷的 220kV 发电厂，可在 220kV 母线电压不超出合格范围的前提下，尽量满足 110/35kV 母线电压曲线运行。

（5）当发电厂母线电压接近上限时，机组应采取高功率因数运行，即机组发电功率因数保持在 0.99（滞后）以上；有进相能力的电厂可按进相运行规定采取进相运行，但事先应得到地调值班调度员的许可，事后应及时向地调值班调度员汇报，并作好运行记录。

（6）当发电厂母线电压偏低接近下限时，机组应尽可能地增发无功功率；当母线电压低于下限时，可以采取压部分有功增发无功的措施，但应及时向地调值班调度员汇报并应得到许可。

（7）节假日等特殊时段，调度部门对发电机无功出力有特殊要求时，发电厂应按调度部门要求执行。

四、系统电压异常处置

监控范围内变电站母线电压和功率因素超出规定范围时，值班监控员应及时进行无功补偿装置的投切，调整措要求如下：

（1）当接到 220、110、35kV 电压超过电压曲线上限汇报时，地调值班调度员可以采取投入低压电抗器、调整电网潮流、改变网络接线、机组浅度进相、通知县调停用变电站电容器、用户电容器等措施，尽快将电压控制到允许偏差范围以内。当系统严重高电压情况下，地调值班调度员可采取机组深度进相、拉停相关线路等措施，同时应向地调主管领导汇报。

（2）当接到 220、110、35kV 电压低于电压曲线下限汇报时，地调值班调度员可以采取投入低压电容器、调整电网潮流、改变网络接线、机组无功输出、通知县调投入变电站电容器、用户电容器等措施，尽快将电压控制到允许偏差范围以内。当系统严重高电压情况下，地调值班调度员可采取有关发电机已批准的过负荷能力（如电网频率允许，也可采取降低发电机有功、增加无功出力），以及限制有关地区负荷直至发令拉闸限电等措施，尽决使电压恢复至最低允许运行电压以上。

第三节　AVC 系统异常处理

一、控制原则

各级电网 AVC 系统无功电压优化控制范围原则上应与调度管辖范围一致，下级 AVC 系统应严格执行上级 AVC 系统给出的控制指令，做到上下级 AVC 系统的协调控制。地调、县（配）调按调度管辖范围负责其 AVC 主站系统的调控运行、维护和管理。变电站无功补偿设备以及对该无功补偿设备 AVC 自动控制有影响的设备（如主变压器低压侧母线电压互感器）停役操作前，操作现场必须做好禁止 AVC 远方遥控操作该设备的技术措施。

二、异常处理

（1）系统电压超出紧急区域时，AVC 系统应自动退出运行，值班监控员发现未自动退出要立即汇报值班调度员，并告知无功专职，由值班调度员许可值班监控员将 AVC 系统手动退出。

（2）当发生电网故障、通信通道异常、县调 AVC 子站异常，影响安全运行时，值班监控员将 AVC 子站退出，并及时向所管辖的值班调度员汇报，值班调度员应及时告知无功管理专职。

（3）值班监控员发现地调 AVC 主站出现控制异常，应及时将 AVC 主站退出闭环控制（闭环改为开环），汇报地调值班调度员和无功管理专职，并通知自动化值班员检查处置。当地调 AVC 主站所控设备出现频繁控制失败，短时间不能恢复正常时，应将所控的异常设备退出 AVC。

（4）地调 AVC 主站与县调 AVC 子站闭环运行时出现故障的处置要求：因故障造成临时信号中断时，县调调控员将 AVC 子站按地调主站上一日给出的日前电压、无功控制表执行；因故障造成长期信号中断，县调调控员将 AVC 子站按长期电压、无功控制表执行。

（5）接入 AVC 系统的变电站无功补偿设备及变压器有载分接头遇到特殊、异常时则采用人工干预。在 AVC 系统无法调节的情况下，由各级值班监控员按照地区公司无功设备投切控制规定进行人工调节，或通知运维单位启动厂站 VQC 调节。省地互联 AVC 系统地调子站的接入和退出与省调 AVC 主站的联合调节，应立即汇报省调，需经省调许可才能退出联合调节。

第九章 电网故障异常处置

第一节 事 故 等 级 分 类

《电力安全事故应急处置和调查处理条例》（国务院令〔2011〕第 599 号）定义了"特别重大、重大、较大、一般事故"电力安全事故。此外，《国家大面积停电事件应急预案》《国家电网公司大面积停电事件应急预案》也对不同事故等级进行了定义。其中主要可能涉及地区电网的电力安全事故主要风险如表 9-1 所示。

对于地区电网而言，一次性减供全网负荷比例在 20%以上（或 30%用户以上用户停电）即构成事故。其次，对于县级市而言，一次性减供负荷比例在 40%以上即构成事故。

《国家电网公司安全事故调查规程》（国家电网安监〔2011〕2024 号）将安全事故分为一至八级事件，其中一至四级事件对应与国务院法规中特别重大、重大、较大、一般事故。同时要求五级以上事件，应立即上报至国家电网公司。六级以上事件中断安全日。

表 9-1   电力安全事故主要风险项目

项目	《电力安全事故应急处置和调查处理条例》	《国家大面积停电事件应急预案》、《国家电网公司大面积停电事件应急预案》
重大事故 （国家电网 二级事件）	（1）电网负荷 20 000MW 以上的省、自治区电网，减供负荷 13%以上 30%以下； （2）省人民政府所在地城市电网减供负荷 40%以上（电网负荷 2000MW 以上的，减供负荷 40%以上 60%以下）； （3）电网负荷 600MW 以上的其他设区的市电网减供负荷 60%以上	（1）省、自治区电网：负荷 20 000MW 以上的减供负荷 13%以上 30%以下； （2）省、自治区人民政府所在地城市电网：负荷 2000MW 以上的减供负荷 40%以上 60%以下，或 50%以上 70%以下供电用户停电； （3）其他设区的市电网：负荷 600MW 以上的减供负荷 60%以上，或 70%以上供电用户停电
较大事故 （国家电网 三级事件）	（1）电网负荷 20 000MW 以上的省、自治区电网，减供负荷 10%以上 13%以下； （2）省人民政府所在地城市电网减供负荷 20%以上 40%以下； （3）其他设区的市电网减供负荷 40%以上（电网负荷 600MW 以上的，减供负荷 40%以上 60%以下）； （4）电网负荷 150MW 以上的县级市电网减供负荷 60%以上	（1）省、自治区电网：负荷 20 000MW 以上的减供负荷 10%以上 13%以下； （2）省、自治区人民政府所在地城市电网：减供负荷 20%以上 40%以下； （3）其他设区的市电网：负荷 600MW 以上的减供负荷 40%以上 60%以下；负荷 600MW 以下的减供负荷 40%以上； （4）县级市电网：负荷 150MW 以上的减供负荷 60%以上
一般事故 （国家电网 四级事件）	（1）电网负荷 20 000MW 以上的省、自治区电网，减供负荷 5%以上 10%以下； （2）省人民政府所在地城市电网减供负荷 10%以上 20%以下； （3）其他设区的市电网减供负荷 20%以上 40%以下；	（1）省、自治区电网：负荷 20 000MW 以上的减供负荷 5%以上 10%以下； （2）省、自治区人民政府所在地城市电网：减供负荷 10%以上 20%以下； （3）其他设区的市电网：减供负荷 20%以上 40%以下；

项目	《电力安全事故应急处置和调查处理条例》	《国家大面积停电事件应急预案》、《国家电网公司大面积停电事件应急预案》
一般事故（国家电网四级事件）	（4）县级市减供负荷 40%以上（电网负荷 150MW 以上的，减供负荷 40%以上 60%以下）	（4）县级市电网：负荷 150MW 以上的减供负荷 40%以上 60%以下，或 50%以上 70%以下供电用户停电；负荷 150MW 以下的减供负荷 40%以上

其中五级电网事件可能涉及地区电网运行的主要内容包括：

（1）造成电网减供负荷 100MW 以上者。

（2）220kV 以上电网非正常解列成三片以上，其中至少有三片每片内解列前发电出力和供电负荷超过 100MW。

（3）220kV 以上系统中，并列运行的两个或几个电源间的局部电网或全网引起振荡，且振荡超过一个周期（功角超过 360°），不论时间长短，或是否拉入同步。

（4）变电站内 220kV 以上任一电压等级母线非计划全停。

（5）220kV 以上系统中，一次事件造成同一变电站内两台以上主变压器跳闸。

（6）500kV 以上系统中，一次事件造成同一输电断面两回以上线路同时停运。

（7）500kV 以上系统中，开关失灵、继电保护或自动装置不正确动作致使越级跳闸。

（8）电网电能质量降低，造成下列后果之一者：① 频率偏差超出以下数值：在装机容量 3000MW 以上电网，频率偏差超出 50±0.2Hz，延续时间 30min 以上；② 500kV 以上电压监视控制点电压偏差超出±5%，延续时间超过 1h。

（9）一次事件风电机组脱网容量 500MW 以上。

（10）装机总容量 1000MW 以上的发电厂因安全故障造成全厂对外停电。

（11）地市级以上地方人民政府有关部门确定的特级或一级重要电力用户电网侧供电全部中断。

其中六级电网事件可能涉及地区电网运行的主要内容包括：

（1）造成电网减供负荷 40MW 以上 100MW 以下者。

（2）变电站内 110kV 母线非计划全停。

（3）一次事件造成同一变电站内两台以上 110kV 主变跳闸。

（4）220kV 系统中，一次事件造成同一变电站内两条以上母线或同一输电断面两回以上线路同时停运。

（5）220kV 以上 500kV 以下系统中，开关失灵、继电保护或自动装置不正确动作致使越级跳闸。

（6）电网安全水平减低，出现下列情况之一者：① 区域电网、省（自治区、直辖市）电网实时运行中的备用有功功率不能满足调度规定的备用要求；② 电网输电断面超稳定限额连续运行时间超过 1h；③ 220kV 以上线路、母线失去主保护。

（7）互为备用的两套安全自动装置（切机、且负荷、振荡解列、集中式低频低压解列等）非计划停用时间超过72h。

（8）系统中发电机组AGC装置非计划停用时间超过72h。

（9）电网电能质量降低，造成下列后果之一者：① 频率偏差超出以下数值：在装机容量3000MW以上电网，频率偏差超出50±0.2Hz；在装机容量3000MW以下电网，频率偏差超出50±0.5Hz。② 220kV（含330kV）电压监视控制点电压偏差超出±5%，延续时间超过30min。

（10）装机总容量200MW以上1000MW以下的发电厂因安全故障造成全厂对外停电。

（11）地市级以上地方人民政府有关部门确定的二级重要电力用户电网侧供电全部中断。

第二节　电网故障处置规定

一、故障处置原则

（1）迅速限制故障的发展，消除故障根源，解除对人身、电网和设备的威胁，防止稳定破坏、电网瓦解和大面积停电。

（2）及时调整电网运行方式，电网解列后要尽快恢复并列运行。

（3）尽可能保持正常设备继续运行和对重要用户及发电厂厂用电、变电站所用电的正常供电。

（4）尽快恢复对已停电的用户和设备恢复供电，对重要用户应优先恢复供电。

二、故障处置的一般规定

（1）电网发生故障时，故障单位应立即向值班调度员简要汇报，并尽快开展现场检查，检查结束后向值班调度员详细汇报。简要汇报的内容包括事故发生的时间、现象、跳闸开关、继电保护及安全自动装置动作、电网和相关设备潮流、电压、频率的变化等有关情况。详细汇报的内容包括现场一、二次设备检查情况、设备能否运行的结论、处置建议以及现场工作和天气情况。原则上单一故障的简要汇报时间不超过 5min，详细汇报时间不超过 15min。

（2）对于无人值班变电站，应由负责监控的调控机构监控员向地调值班调度员简要汇报，并迅速联系人员尽快赶往现场检查。在运维人员赶到现场前，监控人员还应会同运维站（班）远程收集故障信息并向地调值班调度员详细汇报。运维人员赶到现场后，应第一时间通过录音电话告知地调，并立即开展现场检查，在到达现场后 15min 内向值班调度员补充汇报现场检查情况。具有视频监控系统和保护信息管理系统子站的，应立即进行设备远程巡视和保护动作分析。

（3）无人值守变电站站内设备故障（如母线差动、主变压器差动和重瓦斯等保护动作），在运维人员赶到现场并汇报检查结果之前，地调值班调度员不应轻易决定对站内设备进行强行恢复处理。经分析认为是线路故障，且具备远方试送条件时，地调值班调度员可以对线路进行试送操作。

（4）故障处置时，应严格执行发令、复诵、汇报和录音制度，应使用统一调度术语和操作术语，指令和汇报内容应简明扼要。

（5）故障处置期间，故障单位的值长、值班长应坚守岗位进行全面指挥，并随时与地调值班调度员保持联系。如确要离开而无法与地调值班调度员保持联系时，应指定合适的人员代替。

（6）为迅速处理故障和防止故障扩大，地调值班调度员可越级发布调度指令，但事后应尽快通知省调或有关县（配）调值班调度员。

（7）电网故障处置完毕后，地调调度员按事故调查规程的要求，填好事故报告，认真分析并制定相应的反事故措施。

（8）地调值班调度员在处理电网故障时，只允许与故障处置有关的领导和专业人员留在调控大厅内，其他人员应迅速离开。必要时地调值班调度员可通知有关专业人员到调控大厅协助故障处置。被通知人员应及时赶到，不得拖延或拒绝。

（9）非故障单位，不得在故障当时向地调值班调度员询问故障情况，以免影响故障处置。

（10）重大或紧急缺陷作为故障类处理，缺陷单位应立即清楚、准确地向地调值班调度员报告设备缺陷情况，并给出设备是否继续运行、对其他设备有无影响的结论。值班调度员有权改变电网的运行方式，必要时可紧急召集相关人员进行协商处理。

（11）在故障处置时，地区电网各级调控机构负责处置直调范围电网故障，各级调控中心和现场值班人员应服从地调值班调度员的统一指挥，迅速正确地执行地调值班调度员的调度指令。

凡涉及对电网运行有重大影响的操作，如改变电网电气接线方式等，均应得到相应值班调度员的指令或许可。

（12）在设备发生故障、系统出现异常等紧急情况下，各级调控中心值班监控员和变电运维站（班）值班人员应根据相关值班调度员的指令遥控拉合开关，完成故障隔离和系统紧急控制。

（13）为了防止故障扩大，凡符合下列情况的操作，可由现场自行处理并迅速向值班调度员作简要报告，事后再作详细汇报。

1）将直接对人员生命安全有威胁的设备停电。

2）在确知无来电可能的情况下将已损坏的设备隔离。

3）运行中设备受损伤已对电网安全构成威胁时，根据现场运行规程的故障处置规定将其停用或隔离。

4）当母线失电时，将母线上的各路电源开关拉开（除指定保留开关外）。

5）发电厂厂用电全部或部分停电时，恢复其电源。

6）发生有蔓延趋势的火灾、水灾等，根据现场运行规程进行电气隔离。

7）其他在调度规程或现场规程中规定，可不待值班调度员指令自行处理的操作。

（14）发生重大设备异常及电网故障，地调值班调度员在故障处置告一段落后，应将发生的故障情况迅速报告调度控制室主任（调度班长）和地调主管领导。

（15）在调控大厅的地调领导或调度控制室主任（调度班长），应监督值班地调调度员正确进行故障处置。在必要时，应对值班调度员作出相应的指示。地调领导或调度控制室主任（调度班长）认为地调值班调度员故障处置不当，则应及时纠正，必要时可由地调领导或调度控制室主任（调度班长）直接指挥故障处置，但有关的调度指令应通过调度控制室主任（调度班长）、值班调度员下达。

（16）负荷批量控制操作适用于特高压等严重故障可能造成大面积停电事件的应急处置。负荷批量控制功能正常为封锁状态，故障处置情况下经地调值班调度员解锁后方可开放操作。故障处置结束后，由地调值班调度员重新封锁操作权限。地调值班调度员执行负荷批量控制操作后，及时将执行情况通报各相关县（配）调。负荷批量控制操作执行后，在系统具备送电条件时，按照"谁发令、谁恢复"和"谁管辖、谁操作"的原则，有序恢复送电。未经地调值班调度员许可，各县（配）调值班调度员不得自行恢复负荷批量控制执行的拉路限电开关及负荷。

第三节　典型电网故障处置

一、线路故障处置

（1）线路故障停运后，值班监控员、厂站运行值班人员及输变电设备运维人员应立即收集故障相关信息并汇报值班调度员，并明确是否具备试送条件，由值班调度员综合考虑跳闸线路的有关设备信息并确定是否试送。若有明显的故障现象或特征，应查明原因后再考虑是否试送。

（2）试送前，值班调度员应与值班监控员、厂站运行值班人员及输变电设备运维人员确认具备试送条件。若跳闸线路涉及无人值守变电站且具备监控远方试送操作条件的，应进行监控远方试送。

（3）在变电运维人员到达无人值守变电站现场前，在运维人员到达现场前，调控中心和运维站（班）应远程收集监控告警、故障录波、在线监测、视频监控等相关信息，共同分析判断，由监控员汇总并在事故发生后 15min 内向调度员详细汇报，详细汇报的内容应包括现场天气情况、一、二次设备动作情况、故障测距以及线路是否具备远方试送条件。当以下条件同时满足，方可向调度员汇报无人值守变电站具备远方试送操作条件：① 线路全部主保护正确动作、信息清晰完整，且无母线差动、开关失灵等保护动作；② 保护动作行为或故障录波数据（如能远程调阅）表明不存在明显误动、拒动、越级跳等情况；③ 通过视频监控系统未发现跳闸线路间隔设备有明显漏油、冒烟、放电等现象；④ 跳闸线路间隔一、二次设备不存在影响正常运行的异常告警信息；⑤ 跳闸线路开关切除故障次数未达到规定次数；⑥ 输变电设备在线监测系统未显示跳闸间隔存在变电设备报警类信息或者输电设备一级告警信息；⑦ 开关远方操作到位判断条件满足两个非同样原理或非同源指示"双确认";⑧ 集中监控功能（系统）不存在影响远方操作的缺陷或异常信息。

（4）当遇到下列情况时，调度员不允许对线路进行试送：① 值班监控员、厂站运行值班人员及输变电设备运维人员汇报站内设备不具备试送条件或故障可能发生在站内；② 输变电设备运维人员已汇报线路受外力破坏或由于严重自然灾害、山火等导致线路不具备恢复送电的情况；③ 线路有带电作业，且明确故障后未经联系不得试送；④ 对新启动投产线路和正常不投重合闸的电缆线路；⑤ 相关规程规定明确要求不得试送的情况。

（5）线路故障跳闸后，一般允许试送一次。如试送不成功，一般应由线路运维单位进行故障巡线，明确故障原因后再进行处理。若故障影响电网安全或可靠供电的，可根据系统需要再次对故障线路进行试送。对于影响电网安全或可靠供电的重要线路，在短时间内无法判断是否具备试送条件的，可在结论明确前对线路进行一次试送。

（6）在对故障线路试送前，还应考虑的事项：① 正确选择送电端，防止电网稳定遭到破坏。在送电前，要检查有关主干线路的输送功率在规定的限额之内。必要时应降低有关线路输送功率或采取提高电网稳定的措施；② 送电的线路开关设备应完好，且具有完整的继电保护；③ 对大电流接地系统，试送端变压器的中性点应接地，如对带有终端变压器的 220kV 线路送电，则终端变压器中性点应接地；④ 联络线路跳闸，送电端一般选择在大电网侧或采用检定无电压重合闸的一端，并检查另一端的开关确实在断开位置；⑤ 如跳闸属多级或越级跳闸者，视情况可分段对线路进行送电；⑥ 线路跳闸能否送电，送电成功是否需停用重合闸，或开关切除次数是否已到规定数，发电厂、变电站或变电运维站（班）值班人员应根据现场规定，向有关调度汇报并提出要求。

（7）有带电作业的线路故障跳闸后的试送电规定：① 作业前已向地调调度员提出停用重合闸或跳闸后不经联系不得试送要求的线路，地调值班调度员需经确认可以对线路送电后，才能进行试送；② 现场工作负责人一旦发现线路上无电时，不管何种原因，均应迅速报告有关调度，说明能否进行试送。

（8）在线路故障跳闸后，值班调度员发布巡线指令的规定如下：

1）地调值班调度员应将故障跳闸时间、故障相别、故障测距等信息告诉巡线单位，尽可能根据故障录波器的测量数据提供故障的范围。运维单位应尽快安排落实巡线工作，长度 50km 左右及以内的线路一般应在 5 个工作日内完成巡线工作。线路较长、巡线工作要求较为复杂的，可适当延长，但最迟不应超过 10 个工作日。

2）地调值班调度员发布的巡线指令有故障线路快巡、故障带电巡线、故障停电巡线、故障线路抢修等。四种指令不应同时许可。无论何种巡线指令，巡线单位均应及时回复调度最后的巡线结果和结论。

3）故障线路快巡一般用于天气晴好时发生的线路故障，巡线单位接到指令后应立即出发，根据故障信息和线路管理信息赶往现场检查线路走廊情况，一般不采用登杆、登山方式，应在1天内完成。若地调发布故障线路快巡指令，期间一般不再安排试送或者进一步的停役操作处理，等待巡线结果再行处置。

4）如果线路跳闸时明显有雷雨、大风或雾霾天气，线路跳闸重合成功或者试送成功的，发布故障带电巡线指令。故障带电巡线指令的调度管理应参照线路带电作业的调度管理。在地调发布该指令后，等同于许可该线路的带电作业。该线路再次发生故障，地调值班调度员应先联系确认后再试送。

5）对重合不成不再试送和试送不成的，将线路两侧改检修后发布故障停电巡线指令。

6）对汇报有明显故障情况的，直接发布故障抢修指令。

联络线输送潮流超过线路或线路设备的热稳定、暂态稳定或继电保护等限额时，应迅速降至限额之内，处理办法如下：① 增加该联络线受端发电厂的出力；② 降低该联络线送端发电厂的出力；③ 改变电网接线，使潮流强迫分配；④ 在该联络线受端进行限电或拉电，值班调度员应按电网实际运行情况合理确定拉、限电地点和数量。

（9）线路故障处理流程如图 9-1 所示。

二、母线故障处置

（1）当母线发生故障停电后，值班监控员应立即报告地调值班调度员，并提供动作关键信息：是否有间隔失灵保护动作、是否同时有线路保护动作、是否有间隔开关位置指示仍在合闸位置。同时联系变电运维站（班）对停电母线进行外部检查，变电运维人员及时汇报地调值班调度员检查结果。

（2）母线故障处置原则。

1）母线故障由对侧开关跳闸切除故障时，现场运维人员应自行拉开故障母线全部电源开关。

2）找到故障点并能迅速隔离的，在隔离故障后对停电母线恢复送电。若判断确定为某开关拒动（或重燃），应立即将该开关改为冷备用。

3）找到故障点但不能很快隔离的，若系双母线中的一组母线故障时，应迅速对故障母线上的

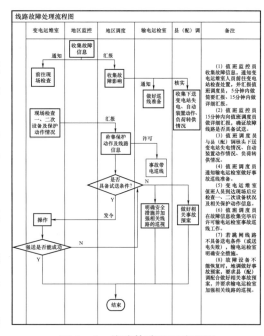

图 9-1　线路故障处理流程图

各元件检查，确无故障后，冷倒至运行母线并恢复送电，对联络线要防止非同期合闸。

4）经外部检查找不到故障点时，应用外来电源对故障母线进行试送电。对于发电厂母线故障，有条件时可对母线进行零起升压。

5）如只能用本厂（站）电源进行试送电的，试送时，试送开关应完好，并将该开关有关保护时间定值改小，具有速断保护后进行试送。

（3）母线失电处置原则。

1）母线失电是指母线本身无故障而失去电源，一般是由于电网故障，继电保护误动或该母线上出线、变压器等设备本身保护拒动，而使连接在该母线上的所有电源越级跳闸所致。

2）对于判别母线失电的依据是同时出现下列现象：该母线的电压表指示消失；该母线的各出线及变压器负荷消失（主要看电流表指示为零）；该母线所供厂用电或所用电失电。

3）当发电厂母线电压消失时，发电厂值班人员应立即拉开失压母线上全部电源开关，同时设法恢复受影响的厂用电。有条件时，利用本厂机组对空母线零起升压，成功后将发电厂（或机组）恢复与电网并列，如对停电母线进行试送，应尽可能利用外来电源。

4）当变电站母线电压消失时，经判断并非由于本变电站母线故障或线路故障开关拒动所造成，现场值班运行人员应立即向地调值班调度员汇报，并根据地调要求自行完成下列操作：① 单电源变电站，可不作任何操作，等待来电。② 多电源变电站，为迅速恢复送电并防止非同期合闸，应拉开母联开关或母分开关并在每一组母线上保留一个电源开关，其他电源开关全部拉开（并列运行变压器中、低压侧应解列），等待来电。涉及黑启动路径的变电站按当年《地区电网黑启动方案》执行。

③ 馈电线开关一般不拉开。

5）发电厂或变电站母线失电后，现场值班运行人员应根据开关失灵保护或出线、主变保护的动作情况检查是否系本厂、站开关或保护拒动，若查明系本厂、站开关或保护拒动，则自行将失电母线上的拒动开关与所有电源线开关拉开，然后利用主变或母联开关恢复对母线充电。充电前至少应投入一套速动或限时速动的充电解列保护（或临时改定值）。

（4）母线故障的处理流程如图 9-2 所示。

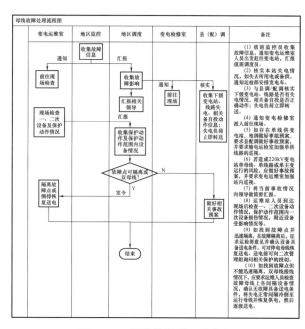

图 9-2　母线故障处理流程图

三、变压器及电压互感器故障处置

（1）变压器开关跳闸时，地调值班调度员应根据变压器保护动作情况进行处理。

1）变压器重瓦斯和差动保护同时动作跳闸，未查明原因和消除故障之前不得试送。

2）变压器差动保护动作跳闸，一般不进行试送。经外部检查无明显故障，变压器跳闸时电网又无冲击，有条件时可用发电机零起升压。特殊情况下，经设备主管部门同意后可试送一次。

3）重瓦斯保护重瓦斯保护动作跳闸后，即使经外部检查和瓦斯气体检查无明显故障也不允许试送。除非已找到确切依据证明重瓦斯误动，并经消缺后方可试送。如找不到确切原因，则应经设备运维单位试验检测证明变压器良好，并经设备主管部门同意后才能试送。

4）变压器后备保护动作跳闸，经外部检查无异常可以试送一次。

5）变压器过负荷及其异常情况，按现场规程规定进行处理。

6）属地调调度、省调许可的变压器故障（如本体或高压侧开关故障、中低压侧开关跳闸导致负荷损失等），地调值班调度员应及时向省调值班调度员汇报。

（2）电压互感器异常或故障时处置原则。

1）不得用近控方法操作异常运行的电压互感器的高压闸刀；

2）不得将异常运行电压互感器的次级回路与正常运行电压互感器次级回路进行并列；

3）不得将异常运行的电压互感器所在母线的母差保护停用，也不得将母差改为单母方式；

4）异常运行的电压互感器高压闸刀可以远控操作时，可用高压闸刀进行隔离；

5）母线电压互感器无法采用高压闸刀进行隔离时，可用开关切断该所在母线的电源，然后隔离故障电压互感器；

6）线路电压互感器无法采用高压闸刀进行隔离时，直接用停役线路的方法隔离故障电压互感器。此时的线路停役操作，应正确选择解环端。对于联络线，一般选择用对侧开关进行线路解环操作。

（3）主变压器故障处理流程如图9-3所示。

四、接地故障处置

（1）当中性点不接地系统发生单相接地时，地调值班调度员应根据接地情况（接地母线、接地相、接地信号、电压水平等

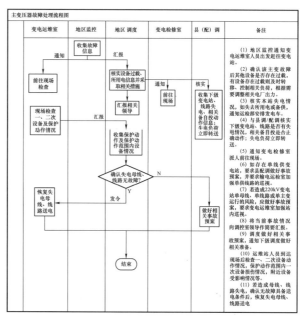

图9-3　主变压器故障处理流程图

异常情况）及时处理，尽快找到故障点，并设法排除、隔离。

（2）永久性单相接地允许继续运行，但一般不超过 2h。

（3）寻找单相接地的顺序：

1）配有完好接地选线装置的变电站，可根据其装置反映情况来确定接地点。

2）将电网分割为电气上互不相连的几部分。

3）停役电容器、电抗器等无功电压调节设备。

4）停役空载线路。

5）根据线路长短、分支多少、负荷轻重综合判断，试跳（或试拉）线路。试跳（或试拉）用户线路时，应事先通知客户服务中心，并按照先非重要用户线路，再重要用户线路的顺序进行。紧急情况下，重要用户来不及通知，可先试跳（或试拉）线路，事后通知客户服务中心。

6）对接地母线及有关设备详细检查。

7）试跳（或试拉）电厂联络线时，电厂侧开关应断开。

（4）寻找单相接地故障时的注意事项

1）接地故障的线路，有负荷可转移的应立即转移；

2）严禁在接地的电网中操作消弧线圈；

3）禁止用闸刀断开接地故障；

4）应考虑保护方式或定值是否变更；

5）防止设备过负荷；

6）防止电压过低影响用户；

7）应考虑消弧线圈网络补偿度是否合适；

8）查出故障点，应迅速处理。

（5）小电流接地系统，当判明是系统谐振时，值班调度员可改变电网参数，予以消除。严禁采用闸刀操作压变改变电感参数的方法。

五、电网黑启动

（1）电网黑启动是指整个电力系统因故障全部停电后，利用自身的动力资源（柴油机、水力资源等）或外来电源带动无自启动能力的发电机组启动达到额定转速和建立正常电压，有步骤地恢复电网运行和用户供电，最终实现整个电力系统恢复的过程。

（2）地调应根据本地区电网特点和省调黑启动方案，编制地区电网在系统全部停电后的快速恢复方案。电网黑启动恢复方案的程序应与电网一次接线方式保持对应，并根据电网发展情况每年修订一次。

（3）地区电网内部具有黑启动电源，则可内部黑启动电源开启后自行恢复110kV及以下电网，并在合适地点与主网同期并列的方案。

（4）地区电网内部没有合适的黑启动电源，则应在省调黑启动方案的基础上，编制地区内220千伏厂站带电后快速恢复本地区电网，以及配合省调尽快恢复主要厂站厂（所）用电的方案。各地区电网黑启动方案应报省调审核及备案。

（5）编制黑启动方案时，应对调度管辖范围内电网进行分区，每个分区应有一到两处黑启动电源。对确定的黑启动电源，应每年进行机组黑启动试验，并应加强管理，制定相应的现场运行规程。

（6）应根据电网具体情况，将电网分为若干个独立的子网，子网应具有各自的启动电源，同时并行地进行恢复操作，任一子电网如因某些不可预料的因素导致恢复失败，不应影响其他子电网的恢复进程。

（7）在直流电源消失前，在确认设备正常后，具有黑启动电源厂站的现场运行人员应根据调度要求自行拉开所有除"保留开关"以外的其他开关。

（8）各启动子电网中具有自启动能力的机组启动后，为确保稳定运行和控制母线电压在规定范围，需及时接入一定容量的负荷，并尽快向本子电网中的其他电厂送电，以加速全电网的恢复。

（9）子电网内机组的并列：具有自启动能力的机组恢复发电后，应创造条件尽快带动其他机组启动，根据机组性能合理安排机组恢复顺序，尽快完成子电网内机组间的同期并列。

（10）为避免发生低频振荡，应尽量不用机组的快速励磁，并投入机组 PSS；尽可能先给就近机组供电。若发生低频振荡，可通过调整网络结构来调整潮流，并进行控制。

（11）黑启动过程中应优先恢复水电等调节性能好的机组发电，承担调频调压的任务。负荷恢复时，先恢复小的直配负荷，再逐步恢复较大的直配负荷和电网负荷，允许同时接入的最大负荷量应确保电网频率下跌值小于 0.5Hz，一般一次接入的负荷量不大于发电出力的 5%，同时保证频率不低于 49Hz。

（12）为避免充电空载或轻载长线路引发高电压，可采取发电机高功率因数或进相运行、双回路输电线只投单回线、在变电站低压侧投电抗器、切除电容器，调整变压器分接头，增带具有滞后功率因数的负荷等，应尽可能控制电压波动为 0.95～1.05 倍额定值。

（13）黑启动过程中所有保护正常投入，一般不进行保护定值的更改，此时后备保护可能失配，保护也有可能因灵敏度不足而拒动。

第四节　典型电网异常处置

常见的典型电网异常包括线路异常、站内一次设备异常和保护及安全自动装过异常，其主要处置流程如图 9-4 所示，此外，典型电网异常还包括调度自动化系统异常、调度通信联系中

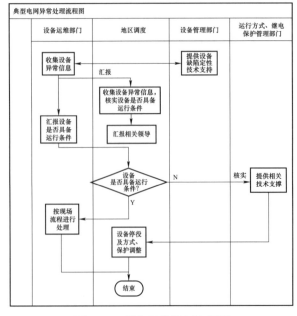

图 9-4 设备异常处置流程图

断和变电站火灾等。

一、线路异常处置

（1）线路异常一般现象有线路断股、绝缘子损坏、异物缠绕等。

（2）线路异常的一般处置要求。

1）值班调度员在接到线路异常汇报后，应立即通知输电运维人员到现场检查。汇报相关领导。

2）若需停用线路重合闸或拉停线路的，应通知变电运维人员到各端变电站。

3）值班调度员将线路异常情况通知运检部门，运检部门应提供线路异常处置结论。涉及省调调管线路应及时向省调汇报。

4）输电运维人员到达现场后，详细汇报线路异常情况，并给予线路是否具备运行条件的结论。线路不具备运行条件则迅速转移负荷，停役异常线路。在紧急情况下，可考虑监控遥控操作隔离异常。

5）带电作业涉及停用重合闸、线路跳闸须经联系后才能试送等要求，在线路工作开始前需明确。

6）值班调度员做好相关故障处置预案通知下级调控机构做好相关准备。

二、站内一次设备异常处置

（1）站内一次设备种类较多，出现异常时的一般处置要求。

1）要求运维站现场检查，如缺陷由监控发现则要求其运用技术手段对缺陷进行初步判断。

2）运维人员到达现场检查后，立即汇报设备缺陷情况、等级、发展趋势和可能引起后果等信息，并要求其联系运检部门提供处置意见。

3）如设备具备运行条件，则要求运维人员按现场流程进行处理。

4）如设备不具备运行条件，通知设备检修单位前往现场。设备检修单位到达后经运维人员提出消缺安措。

5）汇报领导，并且告知是否牵涉到站内其他相关设备陪停。如果牵涉运行方式、继保调整的情况，需要运方、继保人员配合调度员一起处理该缺陷。

（2）若主变压器缺陷，记录主变压器运行数据，要求现场密切监视主变压器缺陷变化情况，特别要注意主变油温和负荷情况，以便调度员进行相应处理。

（3）若开关分合闸闭锁，有旁路开关情况下，首先应考虑旁路代，利用等电位操作隔离故障开关。在无旁路开关情况下，带有负荷的开关或空载运行主变压器高压侧开关发生分合闸闭锁，在汇报相关部门后，再决定是否采用无电方式拉开开关两侧闸刀来隔离开关。对空充短母线，汇报相关部门后决定。

（4）闸刀缺陷主要表现为发热，应立即采取各种必要措施降低发热设备负荷，并在最快的时间内控制负荷，如转移负荷或拉限电、使用旁路代，防止因为设备过热引发电网事故。在降低发热设备的负荷后，运维人员应加强对发热设备的监视和测温，并及时汇报，同时将缺陷汇报检修单位和相关部门。

（5）电压互感器缺陷主要表现为熔丝熔断、异响或外部变形，电压互感器熔丝熔断现象为熔断相电压明显降低或接近为零，其余相别电压不变。电压互感器低压侧熔丝熔断可以带电更换，而高压侧熔丝熔断则需要将电压互感器停电改检修更换，并且电压互感器改检修时应注意二次侧的并列。对有明显故障的电压互感器禁止用闸刀进行操作，也不得将故障的电压互感器与正常运行的电压互感器进行二次并列，应在尽可能转移故障压变所在母线上的负荷后，用开关来切断故障压变电源并迅速隔离。

（6）电流互感器缺陷主要表现为异响和发热，当发现流变有异常声响发出，尤其发出嗡嗡的声音的时候，有可能是流变内部发生故障，如果发现取自该电流互感器的电流无显示或异常时，应立即通知检修单位和相关部门，并停役该电流互感器所在的设备。

三、保护及安全自动装置异常处置

（1）一般处置流程。

1）通知运维人员赶往相关变电站，告知相关调度保护异常情况。

2）运维人员到达现场详细检查后告监控与调度设备实际情况。如保护由运维人员手动复归或自行复归情况下，核实设备正常即可；如保护异常无法消除，询问继保，要求提供该保护是否仍能正常工作的结论。

（2）如相关保护可能通过重启即恢复正常的情况下，经继保建议后，重启相关设备一次，重启时需要注意：

1）双重化配置的继电保护装置，其中一套保护装置运行异常时，地调当值发令将异常的保护改为"信号"状态后，许可变电站运行人员将异常的保护装置重启一次。运维人员重启保护装置后，维持保护装置"信号"状态，并将重启情况汇报地调当值。

2）当仅有的一套保护装置运行异常时，经地调当值同意后，运维人员自行将保护装置改为"信号"状态后重启一次。变电站运行人员重启保护装置后，自行将保护恢复至"跳闸"状态，并将重启情况汇报地调当值。

3）智能变电站内智能终端、合并单元等设备的重启由变电站运行人员负责，无需地调当值同意或许可。

（3）保护异常无法继续运行时，当保护配置为两套时，其中一套保护异常时，需要将该套保护改为信号（纵联保护则对侧也需改信号），不需调整其他保护的定值；当保护配置为两套，两套保护均异常，或单套配置保护异常时，有旁路的变电站，考虑旁路代路，无旁路变电站在停役线路前，通知运检和部门主管领导，并告知下级调度及时转移停役线路负荷。

四、调度自动化系统异常处置

（1）地调值班监控员立即停用 AVC 系统，通知运维单位对相关厂站进行人工调整。

（2）通知各厂站加强监视设备状态及线路潮流，发生异常情况及时汇报。

（3）通知相关调控机构自动化系统异常情况，各调控机构应在保证系统频率的基础上，按计划严格控制联络线潮流在稳定限额内。

（4）值班监控员通知相关输变电设备运维单位并将监控职责移交至输变电设备运维人员。

（5）调度自动化系统全停期间，除电网异常故障处置外原则上不进行电网操作、设备试验。

（6）必要时启用备调，根据应急预案采取相应的电网监视和控制措施。

（7）因调度自动化系统异常影响到值班调度员对数据的统计及管理时，值班调度员应及时与自动化值班人员联系，自动化值班人员应及时通知有关人员处理，短时无法恢复时应采用人工方法统计生产数据，保证调度工作的正常进行。

五、调度通信联系中断处置

（1）调度通信联系中断时，各相关单位应积极采取措施，尽快恢复通信联系。在未取得联系前，通信联系中断的调控中心、厂站运行值班单位及输变电设备运维单位，应暂停可能影响系统运行的设备操作。

（2）当厂站与调控机构通信中断时：

1）有调频任务的发电厂，仍负责调频工作，其他各发电厂协助调频，各发电厂和变电站还应按规定的电压曲线调整电压。

2）发电厂和变电站的运行方式，尽可能保持不变。一切预先批准的计划检修项目，此时都应停止执行。

3）正在进行检修的设备，若在通讯中断期间工作结束，则转入备用，暂不恢复。

（3）凡涉及电网安全问题或时间性没有特殊要求的调度业务，失去通信联系后，在与值班调度员联系前不得自行处理；紧急情况下按厂站规程规定处理。

（4）通信中断情况下，出现电网故障，应按以下原则处置：

1）当电网频率异常时，调控机构及相关电厂按频率异常处置规定处理，按计划控制联络线潮流，并加强监视，控制线路输送功率不超稳定限额。如超过稳定极限，应自行调整出力。

2）电网电压异常时，值班监控员、厂站运行值班人员应及时按规定调整电压，视电压情况投切无功补偿设备。

3）通信恢复后，有关值班调度员、值班监控员、厂站运行值班人员及输变电设备运维人员应立即向值班调度员汇报通信中断期间的处置情况。

六、变电站火灾处置

（1）在变电站发生火灾发生后，值班监控员做好相关变电站运行监视。值班调度员通知变电运维人员到现场处置，并将情况汇报相关领导。

（2）变电运维人员应在规定时间内向地调调度员汇报检查情况、判断结论、现场处置情况及需调度处置的建议。

（3）值班调度员在接到处置建议后进行及时处置，若造成站内设备全停，涉及重要用户停电的还应及时通知营销部门，做好站用电保供措施。

（4）停电用户恢复供电。火灾故障引起 220kV 变电站 110kV 母线停电后，值班调度员应尽快采取措施恢复 110kV 母线供电。需经 110kV 线路开关倒送转供 110kV 母线及三台（含）以上主变压器时，应优先考虑 110kV 线路直接改为运行状态，对停电用户快速送电。当且仅当因励磁涌流等引起送电失败后，再考虑逐级送电方式。

第十章 电网故障处置预案

第一节 预 案 管 理

一、预案管理要求

（1）各级调控机构应加强电网故障处置预案的管理，规范预案的编制流程、框架内容和基本要素，促进预案体系的规范化、制度化、标准化建设。

（2）障处置预案"中的"故障"是指变电站或电厂全停，直流闭锁，重要输电断面、重要设备跳闸，关键二次设备异常等故障。"预案"是指结合电网运行方式和薄弱环节，针对可能发生的故障，为迅速、有序地开展应急行动而预先制定的行动方案。

（3）各级调控机构负责编制其直接调管范围内的故障处置预案（简称直调预案），若故障处置环节涉及与其他调控机构协调配合，编制过程中应征询相关调控机构意见；涉及多级调控机构的重大故障预案（简称联合预案）由参与预案编制的最高一级调控机构组织联合编制。

（4）各级调控机构调控运行专业的故障应急处置预案应与本单位、部门应急预案、大面积停电应急预案相衔接。

（5）调控机构编制重要用户、直调电厂故障处置预案；重要用户、直调电厂根据调度故障处置预案编制各自的处置手册，并报送调控机构备案。

二、预案分类

故障处置预案包括以下内容。

（1）年度典型预案：针对本电网年度典型运行方式的薄弱环节，根据电网规模设置预想故障，编制年度典型运行方式故障处置预案。

（2）特殊运行方式预案：针对重大检修、基建或技改停电计划导致的电网运行薄弱环节，及新设备启动调试过程中的过渡运行方式，设置预想故障，编制相应预案。

（3）应对自然灾害预案：根据气象统计及恶劣天气预警等情况，针对可能对电网安全造成严重威胁的自然灾害，编制相应预案。

（4）重大保电专项预案：针对重要节日、重大活动、重点场所及重要用户保电要求，设置预想故障，编制相应预案。

（5）其他预案：针对其他可能对电网运行造成严重影响的故障，编制相应预案。

三、专业职责

故障处置预案由调控运行专业牵头编制，其他专业配合审核。预案编制过程中，各专业应按职责范围与相关部门和单位沟通协调。各专业具体职责如下：

（1）调控运行专业：根据电网运行情况或相关专业发布的正式预警通知，牵头组织编制预案，提出预想故障发生后调度实时处置步骤及电网运行控制要点。

（2）方式计划专业：根据运行方式分析电网薄弱环节，向调控运行专业发布正式预警通知；对预想故障发生后及调度处置过程中的运行方式进行校核计算和调整建议，提出电网运行控制措施。根据气象、水情预警等情况，向调控运行专业发布正式预警通知；对预想故障发生后及调度处置过程中的水电及新能源运行方式提出调整建议。

（3）继电保护专业：根据电网继电保护运行方式分析电网薄弱环节，向调控运行专业发布正式预警通知；对预想故障发生后及调度处置过程中的继电保护运行方式进行校核计算和调整建议。

（4）自动化专业：根据自动化设备、通信设备运行方式分析电网薄弱环节，向调控运行专业发布正式预警通知；提出预想自动化设备、通信设备故障发生后相关调整建议。

四、预案编制要求

（1）故障处置预案应具备针对性、实用性和时效性。根据检修方式下电网的薄弱环节，综合分析人员、设备、环境、流程制度及科技预测手段，合理编制面向实际、执行力强、实用性高的故障处置预案。

（2）预案应遵循电网运行规律，明确故障处置的基本思路、重点和优先次序，重要预案应有计算分析数据。预案应重点突出、关键措施明确、针对性强，运行人员和事故相关人员应熟练掌握，加以演练。

（3）预案的编制应按照调度管辖范围和监控范围划分规定，加强上下级调控机构的协调、配套。预案的编制应结合变电站无人值守的有关规定，满足现场设备检查、快速试送、恢复运行等有关原则要求。

（4）各级调控机构调控运行专业应结合各地区自然灾害、事故灾难等突发事件的分布规律和电力生产特点，在应急指挥部组织下有针对性地编制调控运行故障应急处置预案。在预案中应明确自然灾害、事故灾难等突发事件的重点防范区域和时期。

（5）预案应包括工作场所、事件特征、现场应急人员及职责、现场应急处置、行政汇报及到场技术支援、注意事项等关键要素。关键要素必须符合单位实际和有关规定要求。

第二节　年度典型预案

（1）年度典型预案主要包括典型变电站全停预案、重要断面故障预案等。

（2）年度典型预案预案编制的内容包括：地调、县调预案主要应包括调管范围内涉及的故障分析、受影响的重要用户、负荷转移策略及处置步骤等。

（3）根据电网结构、运行方式、负荷特性等因素变化，各级调度应定期修订相应预案。

（4）预案编制完成后，各级调控机构应定期开展预案演练，以检验预案的有效性。联合预案编制完成后，一般由参与预案编制的最高一级调控机构有选择性地组织联合演练，以检验各级调控机构协调配合能力和预案有效性。电网实时故障处或故障演练后，应对相关预案的正确性、有效性、合理性进行评估。

（5）预案无固定格式，但一般应包括编号、标题、类别、控制策略及附录等内容。

第三节　特殊运行方式预案

一、特殊运行方式预案

（1）计划停役检修工作引起的电网风险，故障处置预案由拟票值编制，当值、过值调度员、调控长及班组长审核；如有涉及表 10-1 所示风险，需要编制故障处置预案。

表 10-1　　　　　　　　　　编制故障处过预案的重大停电方式

序号	事　由	序号	事　由
1	五级及以上电网风险的工作	3	上级调度要求的故障处置预案
2	方式计划专业提供风险预警的相关工作	4	其他班组认为有必要编制的

（2）事故情况下，故障处置预案由故障处置当值调度编制。

（3）有停电风险的检修工作需编制事故预想单，拟写相应的调度处置操作。

二、预案内容

预案包括检修项目、事故前运行方式、事故预想，参考模板见表 10－2。其中，事故预想又分事故后状态、故障处置方法、注意事项等三部分。

（1）检修项目：为故障处置预案的相关检修工作背景。

（2）事故前运行方式：为事故前电网检修工作下的运行方式。

（3）事故预想：① 事故后状态为事故后电网运行方式。② 故障处置方法为事故后的调度处置方法。③ 注意事项为故障处置预案中需要注意的事项。

表 10－2　　　　　　　　　　特殊运行方式典型预案模板

预案编号：YYMM××
检修项目：1. ×年×月×日－×年×月×日，×××××××变电工作。2. ×年×月×日－×年×月×日，×××××××输电工作
事故前运行方式：1. ×××××××××××。2. ××××××××××

事故预想一：
××设备故障事故后状态：
1. 全停变电站及母线：××××。
2. 备自投动作或失去备用的变电站。
(1) ××××××××××。
(2) ××××××××××。
故障处过方法。
1. ××××××××××。
2. ××××××××××。
注意事项：
1. ××××××××××。
2. ××××××××××。

编写人		日期	YYYY 年 MM 月 DD 日
审核人			
调控长审核			
班组审核			

　　为了提高事故预想单的可操作性，调度员根据需要提前拟写相应的调度处置操作票，包括受令单位、操作内容、发令时间、发令人，监护人、汇报人、汇报时间等因素。

第四节　应对自然灾害及重大保电专项预案

除年度典型预案和特殊运行方式预案外，其他预案也应每年或一定时期更新，包括所有管辖范围内变电站，主要有以下类型：

（1）迎峰度夏、迎峰度冬、节假日等保供电故障处置预案，重点关注负荷重、供电可靠性高的区域。

（2）防汛防台、抗冰灾、火灾等专项故障处置预案，重点关注易受水淹变电站、容易结冰的线路等区域。

（3）两会、G20等专项重大保供电故障处置预案。

（4）特高压故障处置预案。

第十一章　新设备投运

第一节　信息联调

变电站新（改、扩）建工程具备以下条件后，方可开展设备监控信息联调验收工作。

（1）变电站一、二次设备完成现场验收工作。

（2）站段自动化系统已完成验收工作，监控数据完整、正确；已按照调控机构批复的设备监控信息表完成远动系统入库工作。

（3）调控机构的智能电网调度控制系统已完成数据接入和维护工作，相关远动设备、通信通道正常可靠。

（4）在满足联调传动验收条件后，调控机构与运维检修单位按照《变电站集中监控验收技术导则》（Q/GDW 11288）要求开展设备监控信息联调验收并做好记录。验收内容主要包括技术资料、遥测、遥信、遥控（调）、监控画面及智能电网调度控制系统相关功能。

（5）设备监控信息验收过程中发现的主站系统问题由调控机构消缺；站端问题由施工单位

或运维检修单位消缺；通道问题由双方及信通机构共同消缺；必要时履行设计变更手续。

（6）验收完成后，调控机构做好资料归档工作。

第二节 新 设 备 启 动

一、新设备启动投产

（1）投产前要求。值班调度员接到设备竣工验收结束汇报，现场设备质量符合安全运行要求，设备载流能力已经运检部门核定，正式资料完备，启动范围内的全部设备具备启动条件。接收到新设备启动申请单和调度启动方案。

（2）启动投产拟票及预令要求。值班调度员根据启动方案负责启动票拟写，启动票经审核后预发，预令时间原则上是启动投产前两天；预令时间有特殊要求的需经调度分管主任、调控室主管或调度班班长同意。

（3）启动投产要求。

1）调控机构在启动投产时需做好职责分工，新设备启动投产按照需求采用现场和非现场启动投产两种方式进行。

2）投产操作严格使用已预发的操作票进行操作。若因现场实际需要进行操作调整，则需得到调控中心负责人、调控室主管或调度班班长同意，增加的操作记录在投产记录本中。

3）投产应做好记录，包括启动投产项目名称，投产时间，操作指令（经增加或修改），投产总结（包括方式情况）等。

二、现场启动投产要求

（1）人员安排。地调调度班指定专人担任现场启动调度正、副值。现场调度正值作为本次启动调度操作负责人，全面负责启动投产调度，为启动调度第一安全责任人。现场调度副值负责启动票操作等工作，负责整理启动投产相关配合操作票，服从正值工作安排。

（2）现场启动投产要求。

1）现场调度启动投产资料及设备应整齐、完备，包括：① 新设备申请单、启动方案、启动操作票、整定单。② 与启动相关联设备的申请单、操作票。③ 调度联系人员名单。④ 投产记录本、录音笔和安全帽等工具。

2）调度员出入变电站一次设备区域按照现场规定必须戴安全帽。

（3）现场调度与非现场调度职责。

1）新设备投产工作由现场正值调度员统一负责，非现场值班调度员负责调度台日常调度工作。

2）启动投产前部分设备状态调整，需值班调度员和现场调度员协商一致，经现场调度员许可后才能操作。值班调度员操作后将状态及时移交给现场调度员，并告知调控中心负责人或专业主管。

（4）调度权移交。

1）现场调度员到达启动投产现场，申请调度权移交现场调度，应采用录音电话核对状态进行详细交接，交接完毕后告知运维值班员已将调度权移交现场调度。

2）现场调度员离开启动投产现场前，申请调度权由现场调度员交回值班调度员，应采用录音电话，核对一、二次设备状态，对现场操作执行情况进行详细交接。值班调度员接受移交后在值班日志做好记录，通知变电运维值班员调度权已收回。

（5）移交内容要求。

1）当前电网运行方式，启动以及相关配合操作票的执行情况，未完成操作票注明已执行至的步骤。

2）双方明确当前启动操作情况，统一协商后续操作。

3）启动完毕现场调度应在值班日志记录投产交底，应包括设备投产情况、投产启动遗留问题、电网运行方式恢复情况和其他特殊要求等。

第三节　集中监控许可

一、申请条件判定

提交变电站集中监控许可申请应满足以下条件：① 变电站满足《无人值守变电站及监控中

心技术导则》（Q/GDW 231）；② 变电站满足《变电站集中监控验收技术导则》（Q/GDW 11288）要求，并按本要求完成设备监控信息（包括消防、技防信息）的接入验收；③ 变电站已正式投入运行，且不存在影响集中监控的缺陷和隐患。

二、提交申请

（1）OMS 提交。集中监控许可申请要求通过 OMS 系统进行填报资料递交。提交的技术资料包括：① 正式发布的监控信息表（含信息接入对应关系）；② 现场运行规程、典票；③ 相关设备的电压、电流等运行限额；④ 变电站投运以来遗留缺陷；⑤ 变电站正常运行方式；⑥ 常亮光字情况。

（2）行文提交。对 220kV 新建变电站，OMS 提交集中监控申请后，还应正式行文提交申请。

三、设备监控管理专职审核

（1）核查申请条件。

（2）核准申请信息。

（3）220kV 及以上变电站还需编制移交方案。同意启动集中监控许可流程后，编制《变电站监控业务移交工作方案》，方案重点应明确变电站集中监控试运行期限、计划移交日期和试运行期间的安排。

（4）下发移交方案。经调控中心领导审核后行文下发移交方案。

四、开始试运行

（1）信息核对。集中监控试运行期间，变电站现场值班人员至少向当值调控人员汇报一次变电站现场运行情况（包括开关变位、事故异常、设备缺陷、设备越限、常亮光字、频发信号等），当值调控人员也可以根据需要与变电站现场值班人员核对当天其他设备运行信息。双方均应将核对结果记录在案。

（2）现场检查。220kV 及以上变电站监控业务移交工作组还应组织开展变电站集中监控许可现场检查，检查内容至少包括设备运行情况，信息接入联调情况，运行规程，运维管理，应急方案等。

五、试运行评估

集中监控试运行期满后，监控业务移交工作组对试运行情况进行分析评估，220kV 及以上变电站还需形成集中监控评估报告，作为许可变电站集中监控的依据。

根据集中监控试运行评估结论批复变电站集中监控许可申请。对通过评估的申请，批复中应明确监控职责移交的范围和计划时间。对于不予以通过的，应明确原因和整改要求，以及需延长的试运行期时长。

存在下列影响正常监控的情况应不予通过评估：① 设备存在危急或严重缺陷；② 监控信息不完整；③ 监控信息（事故类、异常类、越限类、变位类）存在误报漏报、频发现象；④ 现场检查的问题尚未整改完成，不满足集中监控技术条件；⑤ 其他影响正常监控的情况。

六、试运行复评估

整改完成后运维单位提交复评估申请，调控中心接到申请后 2 个工作日内组织复评估。根据集中监控试运行复评估结论批复变电站集中监控许可申请。

七、启动移交

（1）变电站集中监控许可经各环节审批后进入启动移交流程。

（2）集中监控职责移交申请单应在计划移交时间前 2 天流转至值班调控台。

（3）监控责任区维护。

（4）监控（调控）班值长接收。

（5）监控（调控）员执行。

集中监控职责交接时运维单位和调控中心应按照移交范围核对设备状态、运行方式、光字信息、相关控制限额和运行注意事项，确认具备监控职责移交条件。

运维单位和调控中心按照申请单内容进行监控职责交接，调控中心当值调控人员与现场值班运维人员通过录音电话按时办理集中监控职责交接手续，做好交接记录。

第十二章 地方电厂大用户管理

第一节 并网运行规定

一、运行规定

（1）地方电厂及大用户正式并网前必须通过所辖调度机构组织的专业审查，地区调控应参与电厂投运前的验收工作。应具备的条件如下：

1）发电厂及大用户运行、检修规程齐备，相关的管理制度齐全，其中涉及电网安全的部分应与电网的安全管理规定相一致。电气运行规程、典型操作票和故障处置预案（含全停故障）制订完毕并报地调备案。

2）发电厂及大用户应按相关要求配置调度电话（两套完全独立的通信电路）、调度业务专用传真设备和调度语音录音系统。

3）发电厂及大用户具备接受调度指令的运行值班人员，已全部经有调度业务联系的调度机构培训考核，取得该调度机构管辖设备的运行值班技术资格，并经主管单位批准，根据设备调管范围，上报有关调度机构后，方可上岗。

（2）地方电厂或大用户应以书面形式与调控机构互换相关值班人员名单，调控员人员变动情况需及时书面告知对方。电厂或大用户人员变动需取得调控部门认可后再书面报送调控部门。

（3）地方电厂应按要求上报调度计划，地区调度员应按调度计划及负荷情况实行机组开停机工作。

（4）地方电厂及重要用户应制定全厂停电故障应急处置预案，并报相关调度机构备案。

（5）地方电厂及大用户应保障一次设备、继电保护及安全自动装置和涉及调度生产业务的通信、自动化设备的正常运行，及时处理缺陷。对不按要求及时处理缺陷，地调应报请市电力行政主管部门和相应的电力监管机构予以严肃处理并限期整改，对电网安全运行构成直接威胁或严重影响调度生产业务者可根据相关协议、合同和规定对该电厂及大用户采取解列或停电等措施。

二、地方电厂业务联系要求

（1）首先确认对方值班员为有资质人员，并严格遵守互报单位姓名、发令、复诵、录音、监护、记录制度，重点环节加以解释，确保对方值班员对调度指令明白无误。当值调度员应当真实、完整记录和保存与对方联系的有关材料。

（2）电厂及大用户运行值班人员在运行中应严格服从值班调度员的调度指令，必须迅速、准确执行调度指令，不得以任何借口拒绝或者拖延执行。若执行调度指令可能危及人身和设备安全时，电厂及大用户值班人员应立即向值班调度员报告并说明理由，由值班调度员决定是否继续执行。

（3）属电力调控机构直接调度范围内的设备，必须严格遵守调度有关操作制度，按照调度指令执行操作；如实告知现场情况，回答值班调度员的询问。

（4）属电力调控机构许可范围内的设备，运行值班人员操作前应报值班调度员，得到同意后方可按照电力系统调度规程及现场运行规程进行操作。

（5）并网电厂应按照调度规程的要求参与电力系统调压。应严格执行电力调控机构下达的无功出力曲线（或电压曲线），保证电厂母线电压运行在规定的范围内。如果电厂失去电压控制能力时，应立即报告调控机构值班调度员。

（6）电厂或用户正常设备调控运行操作时，为确保安全，一般由系统侧断开开关后，电厂或用户侧改冷备用，两侧改冷备用后，再同时下令两侧改检修。送电时，重点提醒电厂或用户侧检查接地线，确保不发生带电挂接地线、带接地合闸的恶性误操作事故。

（7）并网电厂机组、大用户自备机组并网、解列或增减出力须经值班调度员许可。

三、大用户业务联系要求

（1）值班调度员与用户进行业务联系，首先确认对方值班员为有资质人员，并严格遵守互报单位姓名、发令、复诵、录音、监护、记录制度，重点环节加以解释，确保对方值班员对调度指令明白无误。当值调度员应当真实、完整记录和保存与对方联系的有关材料。

（2）因电网检修造成用户失去备用的，停电前当值调度通知用户做好故障处置预案；恢复后再次通知用户。因设备故障造成重要用户或高危用户失去备用的或者停电的，除调度员通知用户外，还需通知营销部门。

（3）当执行有序用电时，地区调度机构应通知营销部门，对用户及早通知到位。

（4）用户线路 T 接主网设备的，发生故障后应根据设备产权所属情况通知各方巡查设备。

（5）双（多）电源用户，改变供电方式（倒负荷）前必须经得值班调度员许可。对不允许并网的自备发电机组，不得私自并网发电。

（6）大用户的功率因数应达到《电力系统电压和无功电力管理条例》中的有关规定要求。用户的并联电容器组，应安装按功率因数和电压控制的自动控制装置，并有轻负荷时防止向系统倒送无功功率的措施。

第二节　清　洁　能　源

一、运行规定

（1）电力调度机构应对按照国家有关规定和保证可再生能源发电全额上网的要求，编制发电计划并组织实施。电力调度机构进行日计划方式安排和实时调度，除因不可抗力或者危及电网安全稳定的情形外，不得限制可再生能源发电出力。是否危及电网安全稳定的情形由电力监管机构认定。

（2）水电站应按有关标准建立水调自动化系统，风电场、光伏电站应按有关标准建立发电功率预测系统，并按调控机构要求传送相关信息。

二、水库调度

（1）水电厂（含抽水蓄能电站）应根据电网运行需要、水电厂特性和水库控制要求，充分发挥在电网运行中的调峰、调频、调压、事故备用和黑启动等作用。

（2）遇有影响水库运用的施工、检修或特殊用水要求时，水电厂应提前与调度机构沟通。当发生重大突发事件影响到水库调度运行时，水电厂应立即向调度机构报告并提供相关依据。

（3）调度机构和水电厂应与综合利用有关方面建立必要的联系和协调机制，统筹兼顾航运、供水、灌溉等综合利用需求，合理安排电网和水电厂运行方式，充分发挥水库的综合利用效益。

（4）当电网可能发生拉闸限电，或因系统调峰容量不足发生弃水时，在满足电网和电站安全运行、抽水蓄能电站和机组可调节范围内，应及时调用抽水蓄能机组运行。

三、风电场、光伏电站调度

（1）调度机构应合理安排电网运行方式，在确保电网安全稳定运行的前提下，优先调度并充分利用风、光能源。

（2）风电场并网应满足《风电场接入电力系统技术规定》相关要求。光伏电站并网应满足《光伏发电站接入电力系统技术规定》相关要求。风电场、光伏电站应满足调度机构的专业要求，确保安全并网和运行。

（3）风电场、光伏电站应具备 AGC、AVC 等功能，有功功率和无功功率的动态响应特性应符合相关标准要求。

（4）风电场、光伏电站应按照电网设备检修有关规定将年度、月度、日前设备检修计划建议报调度机构，统一纳入调度设备停电计划管理。

第三节　电　厂　报　表

（1）数据上传要求。

1）并网电厂自动化系统应满足相关调度机构的要求，能实时上送发电数据。

2）满足安防、自动化要求。

（2）数据填报。

1）值班调度员登录电厂数据上报系统，如图 12－1 所示。

2）值班调度员每日读取调度技术支持系统中电厂电员，根据电厂出力情况检查数据正确性。

3）值班调度员打开电厂数据上报系统，进行相应的电厂电量数据填报，并经值内人员审核数据无误后保存提交。电厂电量系统数据填报如图 12-2 所示。

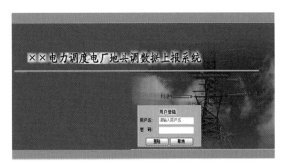

图 12-1　×电力调度电厂数据上报系统界面

图 12-2　调度电厂数据上报系统数据填报

第十三章　反事故演练

第一节　反事故演练规定

调控机构应定期组织反事故演习，统一规范反事故演练工作的方案编制、组织形式、演练流程。

每年度夏或度冬前，调度机构应至少组织一次电网联合反事故演习。联合反事故演习应遵循"针对薄弱环节，检验应急预案"的原则，依托调度员培训仿真系统，应尽可能将备调系统、应急通信等所辖应急装备纳入同步演习。参演单位应包含相关调控机构、运维站（变电站）、发电厂、用户等各级调控对象，各单位参演人员应包含运行人员及技术支撑专业人员，可由调控机构自行组织，也可与公司应急物质、应急装备、应急队伍的反事故演练协同进行。组织相关人员现场观摩，并开展反事故演习后评估。

调控运行专业每月应至少举行一次专业反事故演习。并加强对演练的分析，及时查找存在的问题，提出演练改进意见。

第二节　联合反事故演练

（1）联合演练原则。联合演练主要针对可能出现的需要多级调控机构同处置的电网严重故障等情况，达到检验应急预案，完善急机制，提高调度系统应急反应能力的目的。

1）一般由参加演练的最高一级调控机构组织，下级调机构配合上级完成演练；各级调控机构负责其直接调管范围内的演练。

2）宜采用调度培训仿真系统（DTS），演练期间应确保模演练系统与实际运行系统有效隔离，实际演练系统与其他关演练的实际运行系统有效隔离。

3）演练期间参演调控机构如出现意外或特殊情况，可报导演后退出演练；负责演练组织的调控机构演练期间如出现意外或特殊情况，可中止演练，并通知各参演单位。

（2）演练分类。

1）典型演练：以年度运行方式中迎峰度夏、度冬大负荷运行方式为基础，针对电网薄弱环节，开展的联合故障处演练。

2）保电演练：针对重大活动、重要节日、重点场所等保电任务的电网典型运行方式，开展的联合故障处置演练。

3）防灾演练：针对自然灾害对电网安全运行可能造成的严重影响，开展的联合故障处置演练。

4）示范演练：向观摩人员展示应急能力或提供示范教学，严格按照应急预案规定开展的表演性演练。

5）其他演练：针对其他可能对电网运行造成严重影响的故障，开展的联合故障处置演练。

（3）职责分工。

联合演练应设置总指挥，一般由组织联合演练的调控机构所属公司分管领导担任。参加联合演练的单位应分别设置领导组、导演组、技术支持组、评估组及后勤保障组。

领导组负责联合演练全过程的领导和协调，组长一般由参演调控机构领导担任。

导演组负责联合演练的方案编制、演练实施等工作。总导演一般由调控运行专业人员担任，全面负责演练方案及脚本制作，统筹安排演练准备相关事宜。演练中涉及的单位如果对演练进程没有重要影响的或没有必要参加演练的可由导演组人员模拟。导演组应包含系统运行专业、继电保护专业、设备监控专业人员，分别负责演练方案中电网方式调整策略及稳定限额校核、继电保护运行方式校核、监控信息校核。

技术支持组负责联合演练全过程中自动化、通信设施的调试和运行保障。技术支持组应包含自动化专业、通信专业人员，分别负责演练全过程中自动化、通信系统的技术支持，保障演练实施中的相关演练系统、视频及音频设备、通信设施正常工作，满足演练实施的要求。

评估组由调控机构各专业人员共同组成，负责根据联合演练工作方案，拟定演练考核要点和提纲，跟踪和记录演练进展情况，发现演练中存在的问题，对演练进行评估。

后勤保障组负责联合演练的对外联络、宣传及后勤保障等工作。

（4）组织流程。

1）启动联合演练。演练组织单位初步确定联合演练主要目的、总体规模及计划时间节点，通知相关参演单位，确定成立相关组织机构，启动联合演练。

2）制订演练方案。按照计划时间节点，组织召开导演会，由各参演单位编制演练子方案，演练组织单位汇总并确定联合演练方案。

3）搭建演练平台。完成 DTS、音视频系统、通信设施等演练平台的搭建及调试工作。

4）预演练。在正式演练前，根据演练方案，对正式演练的各个环节进行预先模拟，考察演练流程的合理性及通信、自动化保障的可靠性，进一步完善演练方案。

5）实施联合演练。根据演练方案，实施联合演练。

6）评价及总结。演练结束后，对演练过程进行评价，编写演练总结，组织召开演练总结会。

7）宣传。必要情况下，联合本单位新闻部门，对演练进行宣传报道。

（5）方案编制。演练方案编制包括演练工作方案、故障设置方案及展示方案。其中演练工作方案、故障设置方案由组织单位协调各参演单位编制；展示方案配合观摩使用，由各单位自行编制。

工作方案的主要内容应包括演练组织机构的具体人员及相关职责、演练目标、总体思路、演练范围、参演单位、演练方式、重要时间节点等。

故障设置方案的主要内容应包括：

1）初始运行方式。明确系统频率、电压、潮流、发电、负荷、区域联络线功率、备用、检修设备等。

2）设置故障情景。明确事件类别、现象、发生的时间地点、发展速度、强度与危险性、影响范围、造成的损失、后续发展、气象及其他环境条件等。

3）安排故障时序。明确故障场景之间的逻辑关系、故障发生过程中各场景的时间顺序。

4）故障处置要点。提供故障发生后被演人员可采取的处置手段，相关设备控制目标值等。

5）展示方案应明确对演练实施进程的讲解及演示形式和内容，包括解说脚本、文字说明及各类多媒体资料。

（6）正式演练。

1）状态确认。各参演单位确认演练平台运行正常、参演人员到位。

2）演练点名。按照导演组预点名、领导组预点名、导演组正式点名、领导组正式点名的次序，导演组、领导组点名应分别通过两套电话系统进行。

3）宣布演练开始。出总指挥宣布演练开始。

4）演练过程控制。演练中，总导演按照演练方案通过统一通信平台向各参演单位导演发出控制消息。各导演按照统一指示及预定演练方案控制本单位演练进度，逐步演练，直至全部步骤完成。

5）演练解说或演示。在演练实施过程中，演练组织单位安排专人或应用专用系统对演练过程进行解说或演示。解说或演示内容一般应包括背景描述、进程讲解、案例介绍、环境渲染等。

6）演练记录。在演练过程中，需记录必要的文字、图片和音视频，包括演练时间、导演及被演通话、操作指令、特殊或意外情况及其处置等。

7）演练直播。对被演、观摩现场进行实时音视频直播。

8）演练结束。演练完毕，演练总指挥宣布演练结束，进行现场点评及总结。

9）演练中止。演练实施过程中出现意外或特殊情况，经演练领导组决定，由演练总指挥宣布演练中止。

（7）总结宣传。

1）演练完成后，各参演单位应对演练组织、实施情况进行总结，形成总结报告，并对演练中暴露出的问题提出改进措施。

2）调控机构应加强对联合演练全过程的内部宣传报道；参演调控机构应配合本单位新闻部

门进行公共媒体报道。

（8）点评总结。电网故障处置联合演练结束后，由组织演练的调控机构的评估组进行评价考核，并通报相关单位。

第三节 主备调切换演练

（1）演练准备。

1）调控机构统一开展常态化备调值守，备调所在地的调控机构每值至少配备 1 名取得主调持证上岗资格的调度员，参与备调值守。

2）加强正常模式主备调运行协同。备调人员应全面掌握电网运行情况和调度业务开展进度，开展备调自动化、通信等技术支持系统可用性核查工作，及时更新。

3）备调岗位相关业务资料，辅助主调承担故障预案编制等部分调度业务，确保具备随时接管调度指挥权的条件。

（2）演练要求。

1）统一备调应急启动流程。接到备调启用指令后，备调人员应按照规定与主调进行调度权交接，与主调核实电网运行要点，包括正在进行的操作、运行方式的变化等；备调切换后，备调人员应立即联系相关调控机构、重要直调电厂，通报备调应急启动情况。

2）强化应急模式主备调协同。应急工作模式期间，备调应与主调加强沟通，掌握主调恢复进度，当主调功能确认恢复后，将调度权移交至主调。

3）主备调应急演练分为月度演练、季度演练和年度演练。调控机构每月应组织一次月度专业演练，逢重要保电可视情况安排主备调同步值守，以校验主、备调技术支持系统技术及管理资料的一致性、可用性。

4）调控机构每季度应组织一次备调短时转入应急工作模式的整体演练，演练应包括技术支持系统切换、人员转移，不涉及调控指挥权转移。演练应按照既定预案真实模拟，时间在 2h 以上，以检验应急响应速度以及人员快速集结和应急处置能力。

5）调控机构每年应至少组织一次备调转入应急工作模式、调控指挥权转移的综合演练。综合演练在主、备调均应有主调负责人及各专业人员参加，对于互备模式，原则上参与互备的调控机构负责人及各专业人员均应列席。演练要求主调至少应关闭值班场所及 SCADA 功能，并至少通过 24h 以上的连续检验。演练期间调度系统有关统计考核指标可申请上级调控机构免考核。

6）备调人员应按照规定与主调进行调度权交接，与主调核实电网运行要点，包括正在进行的操作、运行方式的变化等；备调切换后，备调人员应立即联系相关调控机构、重要直调电厂，通报备调应急启动情况。

7）应急工作模式期间，备调应与主调加强沟通，掌握主调恢复进度，当主调功能确认恢复后，将调度权移交至主调。

8）备调调度员岗位职责：① 备调人员应全面掌握电网运行情况和调度业务开展进度；② 开展备调自动化、通信等技术支持系统可用性核查工作，及时更新备调岗位相关业务资料；③ 辅助主调承担故障预案编制等部分调度业务，确保具备随时接管调度指挥权的条件。

第十四章 信 息 报 送

第一节 重 大 事 件 汇 报

（1）地调管控一般报告类事件，需向省调汇报的重大事件。

1）《国家电网公司安全事故调查规程》规定的五级电网事件及五级设备事件中涉及电网安全的内容。

2）发生110kV以上局部电网与主网解列运行故障事件。

3）因220kV以上电压等级厂站设备非计划停运造成负荷损失、拉限电或稳控装置切除负荷、低频、低压减负荷装动作的事件。

4）在电力供应不足或特定情况下，电网企业在当地电力主管部门的组织下，实施了限电、拉闸等有序用电措施。

5）当举办重大活动和重要会议，电网企业承办重要保电工作，接到保电任务后并开始编制调度保电方案。

6）厂站发生 220kV 以上任一电压等级母线故障全停或强迫全停事件。

7）通过 220kV 以上电压等级并网且水电装机容量在 100MW 以上或其他类型装机容量在 1000MW 以上的电厂运行机组故障全停或强迫全停事件。

8）一次事件造成风电、光伏出现大规模脱网，脱网容量 500MW 以上。

9）220kV 以上电压等级 TA、TV 着火或爆炸等设备事件。

10）单回 500kV 以上电压等级线路故障停运及强迫停运事件。

11）因电网原因造成电气化铁路运输线路停运的事件。

12）恶劣天气、水灾、火灾、地霞、泥石流及外力破坏等导致 110（66）kV 变电站全停、3 个以上 35kV 变电站全停或减供负荷超过 40MW 等对电网运行产生较大影响的事件。

13）地级调控机构发生误操作、误整定等恶性人员责任事件。

14）地区调控机构通信全部中断、调度自动化系 SCADA、AGC 功能全停超过 15min，对调控业务造成影响的事件。

15）县级以上调控机构调控场所（包括备用调控场所）发生停电、火灾，主备调切换等事件。

16）其他对调控运行或电网安全产生较大影响及造成较大社会影响的事件。

（2）汇报内容。

1）发生重大事件后，相应调控机构需要汇报内容主要包括事件发生时间、概况、造成的影响等情况。

2）在事件处置暂告一段落后，相应调控机构应将详细情况汇报上级调控机构，内容主要包括：事件发生的时间、地点、运行方式、保护及安全自动装置动作、影响负荷情况；调度系统应对措施、系统恢复情况；以及掌握的重要设备损坏情况，对社会及重要用户影响情况等。

3）当事件后续情况更新时，如已查明故障原因或巡线结果等，相应调控机构应及时向上级调控机构汇报。

第二节　调　度　报　表

1. 调度日报

调度运行日报是每日电网运行情况的概述，包括统调负荷、电量、故障异常、设备检修工作、系统变化情况等。一般由每轮班中班值完成，见图 14-1。

2. 调度周报

调度周报是每周电网运行情况的统计，包括周最高负荷、周电量、事故异常统计、下周设备检修工作安排、系统变化情况等。一般由周日中班值完成，见图 14-2。

地 调 调 度 日 报

201×年××月××日×丸也调电网运行日报
一、近日用电情况
二、限电统计：无
三、昨日工作回顾
四、今日计划工作：
五、主要库容电厂情况（水位单位：m，流量单位：m³/s）
六、故障跳闸：
1. 主网：
2. 各级县配网
七、金华地调监控豆负荷主变压器（截止时间：2017 年 08 月 09 日 24:00）
1. 地调监控重负荷主变压器
2. 地调监控断面
3. 地调监控信息告警
4. 市本级配网重载线路
5. 市本级配网主变压器设备重载情况表
6. 各县市公司监控重负荷主变压器（截止时间：2017 年 08 月 09 日 24:00）
八、严重及以上缺陷处理情况：
1. 主网
2. 市本级配网
九、其他（对电网有较大影响的工作、新设备投产、方式调整和近期关注等内容）
1. 主网
2. 市本级配网

图 14-1 地调调度日报样式

地 调 调 度 周 报

供电形势		
对电网有较大影响的检修工作		
故障跳闸、主要缺陷、异常及处理情况：		
故障跳闸情况： 本周调度记录主要缺陷、异常及处理情况		
新设备投产：		
方式调整（包括汨大运行方式预警及预案）：×项。		
近期关注：		
直调电厂水位		
其他：		
配网超 80%线路统计		

图 14-2 地调调度周报样式

说明如下：

（1）重要断面，设备正载、越限情况（超稳定限额、线路≥80%线路输送限额）；

（2）负网供有功最高荷情况；

（3）监控系统运行信息及维护情况：运行信息；

（4）备调系统运行情况：巡检情况正常。

第三节　监　控　报　表

1. 监控运行日报

监控运行日报是以日为单位对 24h 内的电网监控信息进行统计分析，分析重点是当日工作异常信息和跳闸情况，见图 14-3。

2. 监控运行周报

监控运行周报是对一周时间范围电网监控信息进行统计分析，并通过计算信号重复率和频发率，分析电网非正常信息和可能存在的隐患，见图 14-4。

3. 监控运行月报

监控运行月报是月度监控工作的总结，如图 14-5 所示，主要内容如下：

（1）对电网频繁信号进行统计，提供告警抑制或优化方案。

（2）统计电网新增缺陷及影响程度，提出整改建议。

（3）统计电网遥控情况，分析遥控失败原因并提出整改方案。

（4）通过信息分析整理电网存在的隐患，并提交相关部门。

地 调 监 控 日 报

××地调日分析报告

1. 监控运行工作情况
对当日监控运行情况进行概述，包括无功电压情况，设备重载、设备超载情况等。
2. 监控信息告警及处置情况
统计当日4类监控信息告警数量，统计监控信息处置及时率、正确率，并对处置情况进行说明。
3. 事故跳闸情况
分析当日事故跳闸清单及跳闸原因。
4. 应急处置情况
汇总当日电网应急处过情况
5. 监控职责移交情况
汇总当日监控职责移交情况
6. 遥控操作统计分析
按电压等级和操作类型（人工、自动）统计当日遥控操作情况，分析遥控操作失败原因。
7. 异常（缺陷）及处置情况
当日新增缺陷和缺陷闭环消缺情况。
8. 其他
其他需要记录的信息。

分析报告人：×××

××－××－××

图 14－3　地调监控日报样式

地 调 监 控 周 报

××地调设备监控周分析报告

1. 本周监控运行情况

对本周监控运行情况进行概述，包括无功电压情况，设备重载、设备超载情况等。

2. 监控信息告警及处置统计分析

对本周监控告警信息进行分类统计，包括告警信息频发、告警发展趋势等。

3. 事故跳闸统计分析

汇总统计本周事故跳闸

4. 遥控操作统计分析

按电压等级和操作类型（人工、自动）统计本周遥控操作情况，分析遥控操作失败原因。

5. 异常（缺陷）及处置情况统计分析

统计本周缺陷新增、闭环情况，重大缺陷督办消缺情况。

6. 周重大事项分析

记录分析本周集中监控许可、新设备投运等事项。

7. 其他

其他需要记录的情况。

分析报告人：×××

××-××

图 14-4 地调监控周报样式

地 调 监 控 月 报

×× 地调设备监控月度分析报告
××年××月

1. 总体情况
(1) 地区监控概况
统计本月集中监控各电压等级变电站数量。
(2) 电网故障情况
统计分析本月事故跳闸。
(3) 设备运行情况
分析本月异常信息处置及缺陷。
2. 变电站集中监控
(1) 集中监控变电站规模
统计本月集中监控变电站总数。
(2) 调控机构集中监控实现方式
统计本月集中监控采用远程浏览、告警直传方式，以及集中监控第二通道部署。
(3) 集中监控变电站自动电压控制（AVC）情况
统计本月纳入 AVC 控制的各电压等级变电站数量以及 AVC 覆盖率。
(4) 集中监控变电站调控运行操作情况
统计分析本月人工遥控次数及成功率，AVC 遥控次数及成功率统计，遥控失败原因。
(5) 故障处置到站时间
统计分析本月事故跳闸次数，主设备跳闸次数，线路跳闸次数，事故紧急处置时间。

图 14－5　地调监控月报样式（一）

（6）监控职责移交情况

统计本月向变电站移交监控职责并恢只有人值守次数。

3. 监控信息分析

（1）监控信息接入量

统计本月各电压等级变电站接入集中监控的信息数量。

（2）监控信息正确率

统计分析本月满足规范要求监控信息比例。

（3）监控告警信息分析

统计本月4类告警总数量，按告警类型分析不同电压等级变电站站口均告警数量，分析告警正确率。

（4）告警信息正确率

统计分析本月漏发、误发告警。

4. 监控设备缺陷分析

（1）监控设备缺陷分布

统计本月缺陷新增、消缺情况，并按缺陷类型、缺陷重要程度进行分析。

（2）设备缺陷处理情况

统计分析本月缺陷处理率和缺陷处理及时率。

5. 工作总结及计划

（1）本月工作总结

本月工作回顾、梳理。

（2）下月工作计划

列明下月需要开展的工作并制定计划。

图 14-5 地调监控月报样式（二）

第四节 应 急 短 信

1. 应急短信要求

（1）节假日、保供电期间电网紧急情况需及时做到信息发送。

（2）不同工作类型注意选择相应的人群。

（3）当值调控员在电网异常处置告一段落后，及时向变电或线路异常有关的短信群组发送电网异常短信。

（4）当值调控员重点关注电网异常汇报短信的闭环管理，做好故障抢修恢复后的短信汇报工作。

2. 应急短信类型

（1）电网异常缺陷短信。

1）一、二次设备缺陷、潮流超限及所采取的措施。

2）上级电网重要断面越限、设备缺陷及所采取的措施。

3）调控中心相关变电站失去监控。

4）其他按相关要求发送的电网异常短信。

（2）电网故障短信。

1）地调管辖设备跳闸情况。

2）地调监控所监视设备跳闸情况。

3）上级电网设备跳闸情况。

4）其他按相关要求发送的电网事故短信。

（3）电量负荷短信。昨日最高最低负荷（包括网供和全社会口径），电凸累计及同比，今日负荷预计。

（4）节假日平安短信。

（5）重大检修项目停复役，系统方式重大变化，重大检修项目停复役时间变更。

（6）其他按相关要求发送的工作短信。

第十五章 配网接线图应用

第一节 配网接线图定义

配网接线圈是指基于配电自动化系统、调度自动化系统、生产管理系统等系统绘制，描述配电网电气接线结构和电网运行信息，是对电网地理接线图简化和概括的逻辑电气图，包括站间联络图、区域系统图、单线圈及站室图。

第二节 配网接线图应用管理要求

配网接线图管理流程如图 15-1 所示，管理要求主要内容如下：

（1）调控中心负责配网设备命名发文，值班调度员根据新设备投运申请书在配网图中核对命名是否正确。

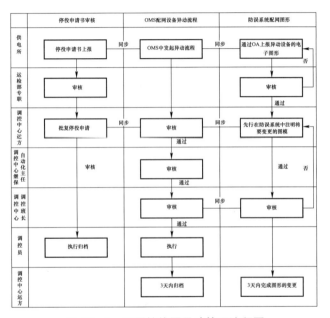

图 15-1　配网接线图异动管理流程图

（2）配网设备异动申请单（简称异动单）应和设备停役申请、新设备投运申请同步提交调度管理部门。

（3）各单位调度管理部门根据配网接线图、异动单对配网设备停役申请、新设备投运申请进行审核，但凡出现下列情况，应拒绝批复设备停役申请、新设备投运申请。

1）审核后发现设备停役申请、新设备投运申请与配网接线图不一致的，包括图形、设备调度命名等。

2）涉及配网接线图图形发生变化，而未及时同步提交异动单的。

3）提交的设备停役申请、新设备投运申请内容与异动单内容不一致的。

（4）异动单维护名称栏要求填写停役申请单（新设备投运申请单）编号或带电作业联系单编号；由于故障抢修、紧急缺陷处理等临时性工作而发生配网设备异动的，须填写故障、缺陷、临修的线路、设备名称和事由（故障抢修/缺陷处理/临修/命名更改等）。

（5）异动单维护描述栏要求具体填写停役申请（新设备投运申请）带电作业临时性工作的工作内容。

（6）各单位调度管理部门运方专职应在审核无误后，将异动流程流转至当值调控员复审、上图环节。已建设配电自动化主站系统并实现与 PMS 配网接线图数据贯通的单位调度管理部门运方专职应在审核无误后，将异动流程流发送至配电自动化主站系统，由自动化专职在配电自动化主站系统收到异动流程信息后，完成异动图形的校验及导入工作，将异动流程流转至当值调控员审核、上图环节。

（7）当值调控员在现场工作结束后（设备复役前），完成配网接线图的复审，完成上图，同步发送归档。

（8）当现场工作超出或偏离异动单内容而引起图实不符时，应报请单位分管领导批准或授权批准，且在做好相应调控安全管控措施后，进行停送电操作，并及时补报异动单，在24h内完成发布和归档。

（9）由于故障抢修、紧急缺陷处理等临时性工作而发生的配网设备异动，应及时补报异动单，在24h内完成发布和归档。

（10）当值调控员应根据所掌握的设备状态变更情况及时在PMS配网接线图中（已建设配电自动化主站系统并实现与PMS配网接线图数据贯通的，则在配电自动化主站系统中）进行开关置位及挂、摘牌等信息维护及检查。

（11）当值调控员应在接到调度指令操作结束的汇报后15min内完成配网接线图中的开关置位及挂、摘牌工作。

（12）当值调控员应在接到故障现场查勘结果汇报后15min内完成配网接线图中的开关置位及挂、摘牌工作。

（13）各单位运检生产部门、营销部门应定期对配网接线图进行整体核对，并将核对及整改情况书面通知本单位电力调度控制中心。

第三节　配网接线圈应用示例

1. PMS2.0 系统应用

登录 PMS2.0 系统（注意勾选配网运维指挥，否则开关置数功能无法实现），点击按钮"打开地理图"，再点击设备导航树，界面右侧会弹出设备导航树列表框。在设备树中选择想看的线路，右键菜单里面选择"设备定位"，接线图界面会显示该线路的地理接线图，以高亮闪动表示。登录界面如图 15－2 所示，地理接线卫星示意图如图 15-3 所示。

图 15－2　登录界面

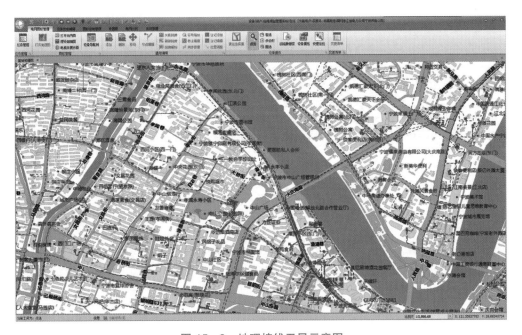

图 15-3 地理接线卫星示意图

点击"单线图"按钮，通过左边设备树进行线路选择，点击该线路会在右边的框中出现行该线路的信息；点击右上角的"打开"按钮，系统出现该线路的单线图，如图 15-4 所示。

图 15-4 单线图（一）

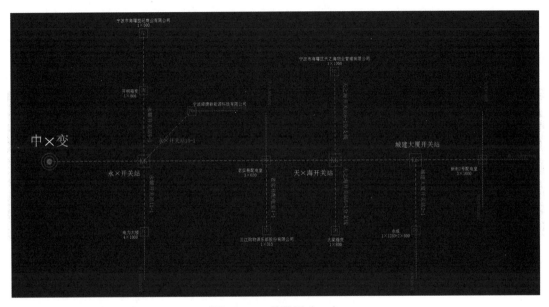

图 15-4　单线图（二）

点击"站间联络图"按钮，通过左边设备树进行变电站选择，点击该变电站，右边的框中出现一行该变电站的信息；点击右下角的"打开"按钮，出现该变电站的联络图，如图 15-5 所示。

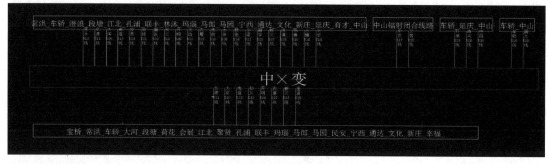

图 15-5　站间联络图

2. 配网自动化系统的应用

实现了 PMS 配网电子接线图（包括供电范围图、系统图、单线图、开关站图）与配电自动化系统的交互以及调度操作票系统与配网自动化系统的交互功能。

（1）登录系统，点击"运行监控"进入调配抢一体化平台（图 15-6）电网图形，包含主网厂站接线图及四类有关配网接线图应用的索引，实现了主配网系统一体化。对应点击相关按钮就可查看站间联络图（见图 15-7），单线图（见图 15-8）等。

图 15-6　首页界面

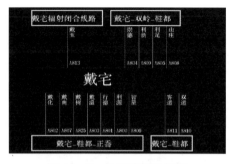

图 15-7 站间联络示例图

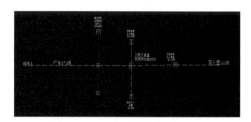

图 15-8 单线路示例图

（2）调控员根据所掌握的设备状态变更情况及时在配电自动化系统中进行开关置位及挂、摘牌等信息维护及检查。花×8966线 B3921 线开关置分及挂"开关检修"牌后的示例如图 15-9 所示。

图 15-9 "开关检修牌"示意图

（3）对于具备远方遥控操作的配网开关，调控员根据电网需要选中具体操作对象，进行远方分合开关遥测遥信实时变化，并在"配网变位"窗口显示相应操作信息，如图15-10所示。

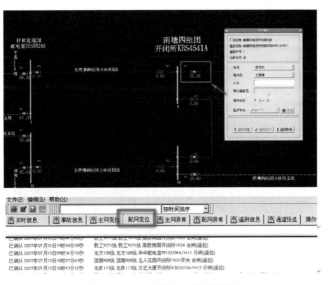

图15-10　遥控变位示意图

（4）配调自动化利用接口将相关图模导入配电自动化系统，并按照调控专业的习惯和需求进行图形调整，最终供调控各专业人员使用。

3. 调度操作防误管理系统的应用

由于调度操作票系统为调度部门专用，接线圈布局等较为符合调控员的习惯，且其变位、拆挂牌与调度命令票的操作步骤执行关联，命令执行后图形上的配网设备状态会自动变更。

（1）登录防误操作系统，点击菜单栏"拟票执行"，即弹出拟票窗口，如图 15－11 所示。

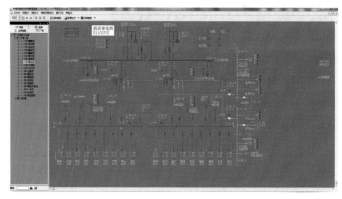

图 15－11　登录页面示意图

（2）根据停役申请书采取图形关联拟票模式成票，起到拟票环节防误作用。如图 15-12 所示，在"拟票执行"模式下右键需操作的设备，点击"拉开"，即可形成一条调度指令。

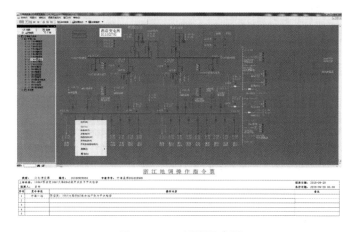

图 15-12 拟票示意图

（3）完成拟票后进行初审核预令 – 其他值审核复审正令流程。发布指令后将发令时间、完成时间、受令人、汇报人等填写完毕，点击"完成执行"按钮即可，同时图形上设备的状态也会自动变更，如图 15-13 所示。

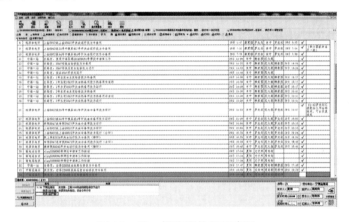

图 15-13　操作票执行示意图

（4）如果有配变设备异动，待工作结束汇报时，调控员同步核对新增的开关防误图形上是否已经更新。

第十六章 配网抢修指挥

第一节 配网抢修指挥基本要求

（1）值班安排。各地、县公司应按照 7×24h 安排配网抢修指挥值班工作。

（2）工单流转。各地、县公司应通过远程终端或手持终端的形式，实现配网抢修指挥机构与抢修单位之间的工单流转。

（3）抢修值班。现场抢修人员应服从配网抢修指挥人员的指挥，现场抢修站点位置应设置合理，合理配置抢修值班力量，实行 7×24h 值班模式。

（4）资料图表。各地、县调应具备运检部门上报的抢修单位辖区图（表）、电力设备供电范围（地理位置、重要客户、专变客户、医院、学校、乡镇、街道、村、社区、住宅小区等）等资料。

（5）上岗要求。配网抢修指挥人员，须经培训考试合格后上岗。宜安排熟悉所服务区域方言的人员从事配网抢修指挥值班工作。

（6）电脑配置。配网抢修指挥席位应配备两台及以上电脑，值班电脑专机专用，不得运行其他办公软件和其他无关软件。值班电脑配置应满足相关配网抢修指挥技术支持系统的软硬件配置需求。

（7）冗余备用。建立配网抢修指挥备用席位，备用席位和主席位应采用相对独立的通信信息网络接入和电源，满足网络故障或电源故障 $N-1$ 情况下的配网抢修指挥工作正常运行。

（8）交接班。应参照调控管理相关要求，建立交接班制度。在 PMS2.0 系统中合理设置交接班次。交接班应有相应交接资料，交接班记录如图 16-1 所示。

（9）日常记录。应建立日常记录（值班日志、交接班记录）、定期报表、专项报表制

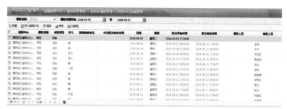

图 16-1 系统交接班记录

度。日常记录应记录本值期间发生的重要事件和需要按值传递的信息。周报、月报、年报应对相应时间段内的业务情况开展统计分析。重大保电等工作专项报表应对专项工作开展专门分析。

（10）通信。

1）电话通信须全程录音。录音设备必须专用及有足够的容量，以满足录音保存三个月的要求，重要录音应保存一年。

2）应配备 OA、RTX 等内网即时通信工具，实现文档和音视频文件的传输。重要通信记录应保留一年。

（11）保密。涉及客户信息的资料应纳入保密管理，不得用于与工作无关的事项，不得随意提供给无关人员。

第二节　故障报修工单处置原则与流程

1. 处置原则

（1）及时性。

1）配网抢修指挥人员应在受理客户报修后 3min 内完成工单的派发或回退。

2）抢修人员到达现场时间应符合国家电网公司供电服务"十项承诺"的要求。即：自受理客户报修后，城区 45min、农村 90min、特殊边远区域 120min 内到达现场。

（2）规范性。工单处理情况填写须真实、准确、完整。对于无法满足客户需求或存在处置困难的工单，应详细写明原因及相关依据和与客户沟通情况等。抢修现场记录按规定模板进行填写，内容包括但不限于：抢修单位、抢修人员、抢修时间、故障原因、故障设备（产权分界）、修复情况、后续处理安排等。

（3）回单原则。

1）因供电企业产权设备原因导致停电或供电不正常的故障，应在正常供电后方能回复故障报修工单。

2）因供电企业产权设备原因导致虽未影响正常供电，但有安全隐患的情况，应在消除安全隐患后方能回复故障报修工单。

3）非供电企业产权设备原因导致的各种故障，在勘察取证，明确产权分界点后，告知客户由故障设备产权方处理。对于非供电企业产权设备原因导致的各种安全隐患，应在勘察取证后，告知相关部门并做好记录。

4）因备品配件、工程进度等原因，导致无法当场完全修复的情况，可在采取临时措施恢复客户正常供电，并消除安全隐患后，与客户约定时间后再行处置。

5）因配合政府停电、客户违规用电等原因导致无法恢复正常供电的情况，应在工单回复中写清实际情况，并提供相应佐证支撑材料。

2. 业务流程

故障报修工单业务流程主要包括：工单接收、故障研判、派单指挥、回单审核、工单回复环节。

（1）工单接收。及时接收故障报修工单，然后判断属于符合有效派单条件的工单，进行故障研判及派单指挥。

（2）故障研判及派单指挥。配网抢修指挥人员根据故障报修信息，利用已接入的技术支持系统，对满足研判条件的故障报修进行研判，然后将工单合并或派发至相应的抢修单位。对于配网抢修指挥机构合并的工单，配网抢修指挥人员应将工单信息及时传递到抢修单位，由抢修人员做好用户的沟通、解释工作，如图 16-2 所示。

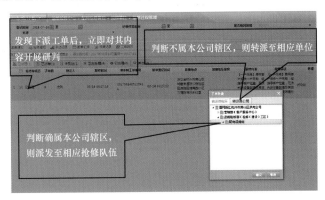

（3）回单审核。配网抢修指挥人员对抢修单位回填的工单根据及时性与规范性，进行完整性、准确性的全面审核。

图 16-2 故障研判

（4）工单回退。不符合规范要求的工单，回退至抢修单位再次填写。

（5）工单回复。符合规范要求的工单回复国网客服中心，如图 16-3 所示。

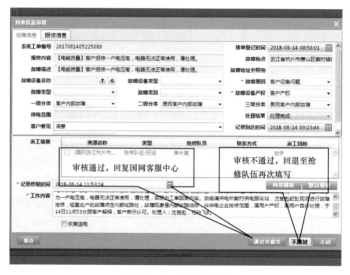

图 16-3　工单审核

（6）故障报修工单。若派发区域、业务类型、客户联系方式等重要信息错误、缺失或无客户有效信息，无法进行有效派单的，应填写退单原因后将工单进行回退处理。

第三节　主动抢修处置原则与流程

1. 处置原则

（1）配网抢修指挥机构和抢修单位应遵循"先外后内、先故障后异常"原则，在不影响故障报修工单的原则下，开展主动抢修工作。

（2）主动工单各项及时性、规范性要求参照故障报修工单执行。

（3）主动抢修应遵循"修必修好"的原则，对于一个周期内，同一设备反复发出故障或异常信号的情况，配网抢修指挥机构应责成抢修单位说明情况，并通报相关专业管理部室。

（4）不影响正常供电的设备异常，若抢修单位无法短期内处理，须经专业管理部门同意并提交配网抢修指挥机构备案后，对该设备在批准的处理期限内不再下发主动工单。

2. 业务流程

主动抢修业务流程主要包括配网监测、故障研判、派单指挥、回单审核、工单归档环节。

（1）配网监测。配网抢修指挥值班员应依托技术支持系统，对公变、故障指示器等信号，开展主动抢修信息监测，实时发现主动抢修技术支持系统推送的故障及异常信息，如图 16 – 4 所示。

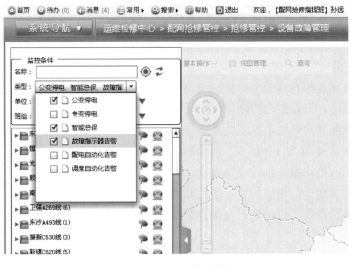

图 16 – 4　配网监测界面

（2）故障研判。对发现的故障与异常信号及时开展故障研判，明确故障点位置或故障区间，如图 16 – 5 所示。

图 16 – 5　故障研判

（3）派单指挥。对研判后确需处置的故障或异常信息，派发主动工单至相应抢修单位。对研判确定为误发信号、临时停电等，无需处置的情况，直接复归相关信息，如图 16 – 6 所示。

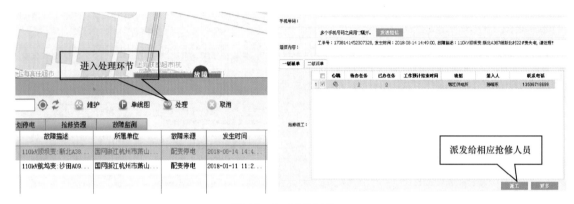

图 16－6　派单工单

（4）回单审核。配网抢修指挥值班员应按照及时性与规范性要求，全面审核抢修单位回复的主动工单。

（5）工单回退。对不符合相关规定要求的主动工单，退回相应抢修单位再次填写。

（6）工单归档。对于符合相关规定要求的主动工单，则归档闭环，如图 16-7 所示。

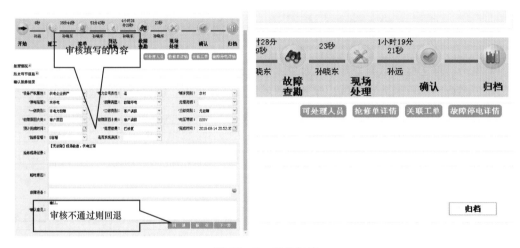

图 16-7 工单归档

第四节　生产类停送电信息报送

（1）生产类停送电信息类型及报送对象。生产类停送电信息包括计划停电、临时停电、故障停限电、超电网供电能力停限电。导致多户停电的计划停电、临时停电、故障停限电、超电网供电能力停限电应报送停送电信息。

（2）生产类停送电信息应填写内容。生产类停送电信息应填写的内容主要包括供电单位、停电类型、停送电计划时间、变电站名称、线路名称、停电设备、停电范图、停电原因、现场送电类型、实际送电时间。

（3）生产类停送电信息报送流程见图 16－8。

（4）计划停电。来源于检修单位提交的设备停电检修申请单，申请单应涵盖所管辖设备全部停送电信息报送内容，地、县公司运检部门应提前 9 日向相关调控中心提交设备停电检修申请单。地市、县供电企业调控中心应提前 8 日向国网客服中心报送计划停送电信息。

（5）故障停电。

1）配电自动化系统覆盖的设备跳闸停电后，营配信息融合完成的单位，地市、县供电企业调控中心应在 15min 内向国网客服中心报送停电信息；营配信息融合未完成的单位，各部门按

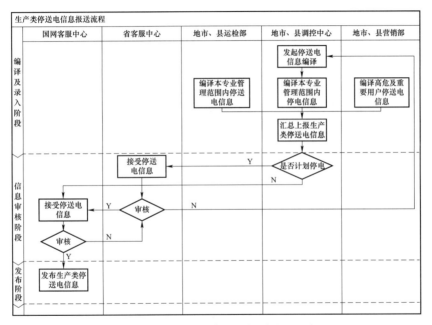

图 16－8　停电信息报送流程

照专业管理职责 10min 内编译停电信息报地市、县供电企业调控中心，地市、县供电企业调控中心应在收到各部门报送的停电信息后 10min 内汇总报国网客服中心。

2）配电自动化系统未覆盖的设备跳闸停电后，应在抢修人员到达现场确认故障点后，各部门按照专业管理职责 10min 内编译停电信息报地市、县供电企业调控中心，地市、县供电企业调控中心应在收到各部门报送的停电信息后 10min 内汇总报国网客服中心。

故障停电处理完毕送电后，应在 10min 内填写送电时间。

3）故障停电信息发布。可在 PMS2.0 故障停电信息模块下实施故障停电信息的新增、编辑、变更、撤销、发送等操作，如固 16-9 所示。新增停电信息后，应按及时规范填入各字段，即：① 停电地理区域：停电的地理位置、涉及的高危及重要客户、专变客户、医院、学校、乡镇（街道）、村（社区）、住宅小区等信息。不应包含：停电设备名称。填写标准：××省××市××县××路（××小区/单位或××村/组）。如是专变用户，请直接写明××公司/厂，如专变用户为人名的，请写明××户/用户。② 停电设备范围：停电涉及的供电设施（设备）情况，即停电的供电设施名称、供电设施编号、变压器属性（公变/专变）等信息。不应包含停电地址。填写标准：××变电站/线路/杆/开关或/变电站/公变/台区/低压开关。③ 停电原因：引发停电或可能引发停电的原因，且在填写时注意停电原因与停电类型逻辑关系，如果停电类型为故障停电，停电原因不应填写计划检修。不得简单填写故障停电或故障处理，应写清楚故障内容。填写标准：低压熔断器熔丝熔断、低压分支开关跳闸等。

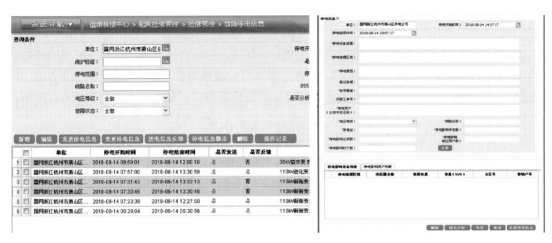

图 16-9　故障停电信息发布示例

（6）临时停电。

1）临时日前停电，营配信息融合完成的单位，地市、县供电企业调控中心应在临时停电前

24h 内向国网客服中心报送停电信息；营配信息融合未完成的单位，地市、县供电企业各部门应按照专业管理职责在临时停电前 24h 内编译停电信息报地市、县供电企业调控中心，地市、县供电企业调控中心应在收到各部门报送的停电信息后 10min 内报国网客服中心。

2）其他临时停电，营配信息融合完成的单位，地市、县供电企业调控中心应在临时停电前 1 小时内向国网客服中心报送停电信息；营配信息融合完成的单位，地市、县供电企业各部门应按照专业管理职责在临时停电前 45min 内编译停电信息报地市、县供电企业调控中心，地市、县供电企业调控中心应在收到各部门报送的停电信息后 15min 内报国网客服中心。

（7）超电网供电能力停限电。超电网供电能力需停电时，原则上应提前报送停限电范围及停送电时间等信息，无法预判的停电拉路应按如下原则执行：营配信息融合完成的单位，地市、县供电企业调控中心应在停电拉路后 15min 内向国网客服中心报送停电信息；营配信息融合未完成的单位，地市、县供电企业各部门应按照专业管理职责在停电拉路后 10min 内编译停电信息报调控中心，地市、县供电企业调控中心应在收到各部门报送的停电信息后 5min 内报国网客服中心。地市、县供电企业调控中心收到现场送电汇报后 10min 内填写送电时间。

（8）停送电信息变更。停送电信息内容发生变化后 10min 内，地市、县供电企业调控中心应向国网客服中心报送相关信息，并简述原因；若延迟送电，应至少提前 30min 向国网客服中心报送延迟送电原因及变更后的预计送电时间。

第十七章 系统应用

第一节 EMS 能量管理系统应用

EMS 能量管理系统是现代电网调度自动化系统（含硬、软件）总称，其主要功能由基础功能和应用功能两个部分组成。基础功能包括计算机、操作系统和 EMS 支撑系统，应用功能包括数据采集与监视（SCADA）、网络应用分析（PAS）等。EMS 能量管理系统是地区调控人员日常工作最常用的应用系统之一，目前常用调度技术支撑系统的有 OPEN3000 和 D5000。

1. SCADA 数据采集与监视

SCADA 主要用于实现完整的、高性能的实时数据采集和监控，为其他应用提供全方位、高可靠性的数据服务。主要实现以下功能：数据处理、数据计算与统计考核、控制和调节、人工操作、事件和报警处理、拓扑着色、趋势记录、事故追忆及事故反演等。

SCADA 子系统是调度员的眼睛和操作工具，日常的设备监视和远方遥控操作等都依赖于 SCADA 子系统提供的强大丰富的功能，特别是在变电站无人值守的模式下，许多原来在厂站端处理的事情，现在需要主站端的调度员根据系统实时运行情况进行及时调度处理。所以，正确使用 SCADA 的基本数据，掌握 SCADA 的操作，对于地区调控人员的日常工作运转就显得十分重要。地调调控专业主要使用的 SCADA 基本功能如表 17-1 所示。

表 17-1　　　　　　　　　　地调调控专业主要使用的 SCADA 基本功能

序号	功能	说　明	配　图
1	电网状态实时监视	（1）可查看区域接线图、变电站接线图等，作为调度操作的依据。 （2）监控员通过系统可监视实时潮流、电压、开关状态等遥测、遥信数据	
2	远方遥控操作	（1）实现开关远方遥控分合闸操作，可提高日常操作效率、实现快速故障处置。 （2）实现远方调档、软压板投退等操作，调控员可随时调整系统无功电压在合格范围	

序号	功能	说　　明	配　　图
3	实时告警窗	（1）实时推送电网设备告警信息，适应设备监控需要，同时方便查询和分析历史告警信息。 （2）告警信息分为事故、异常、变位、越限、告知五类	
4	报表数据浏览	（1）负荷电量实时曲线、历史曲线的查看，帮助调控员完成各类报表，也为潮流监视、方式安排提供重点参考。 （2）具备曲线合并、比较等功能，便于数据分析	

2. PAS 调度员潮流

PAS 常用的是调度员潮流计算和静态安全分析，用来分析电网某一未来态运行方式的潮流电压分布、断面稳定限额、静态稳定水平等，是调度员进行不同供区合解环操作时的依据，也是针对当前或未来运行方式编制故障处置预案、采取预控措施的重要手段。

PAS 进行调度员潮流计算包括进入界面、取出断面、操作模拟、启动计算、结果查询五个过程。首先可通过选择工具栏上的"PAS—调度员潮流"或选择高级应用进入调度员潮流主界面，然后通过"取状态估计数据"，即可获得当前实时断面，在 CASE 管理工具进行相应设置。然后在接线图上进行模拟操作，包括各电气设备元件的投停及发电机和变压器的有功、无功调整设置，最后启动潮流计算、查看计算结果。

PAS 静态安全分析是以调度员潮流为基础，就是对设备 $N-1$ 及预设复杂故障进行潮流计算分析扫描，并给出计算结果统计信息查询，以便调度员及时发现系统的薄弱环节和危险点，并采取合适的预控措施。PAS 静态安全分析主要功能如下：① 可获取实时状态估计、调度员潮流和历史 CASE，作为安全分析的初始断面。② 可以对设备 $N-1$ 和复杂的预想事故扫描分析。③ 安全分析具有两种分析模式：实时模式和研究模式，两种模式结果互不影响。④ 在实时模式下，安全分析可以周期性的自动执行；在研究模式下，安全分析由人工启动。⑤ 分类统计安全分析的越限结果以供查询。

3. 扩展功能

负荷批量控制是在能量管理系统中部署的一个模块，可以实现一次远程操作即可批量切除预设的负荷开关，作为调度处理断面过载和确保发用电平衡的手段，界面如图 17−1 所示。

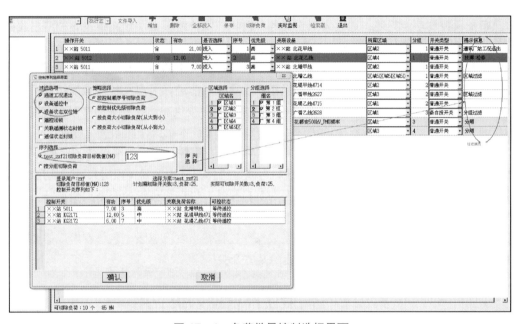

图 17-1 负荷批量控制选择界面

负荷批量控制功能简述：通过人工定义各种群集控制拉路预案（预案中包含拉路出线的名称以及相应的操作开关，是否投入控制等），根据当前最新实时量测数据和控制策略自动生成应切除负荷数值所对应的拉路对象集合；人工选择确认，将其中的操作开关全部输入到组合遥控操作序列中；再次确认后，进入并行遥控操作；批量控制前进行用户及权限验证（双机双人方式），用户权限验证成功后进行批量遥控操作；遥控过程中提供对遥控开关的实时状态监视，当被操作开关遥控成功后显示操作成功状态；操作结束后统计本次操作切除负荷总量。

使用时首先由自动化运维人员根据拉限电名单预先在系统中新增和编辑各类序列（预案）。需要执行拉限电时，值班监控员登录该系统，再通过选择相应的序列（预案）、输入切除负荷总量等步骤，一键完成特定故障和总量的地区切负荷操作，以切除预设的一系列负荷开关；在某些特殊情况下，操作人员也可以选择特定的供区进行负荷控制。执行拉限电过程中采用监护机制，在关键节点需要监护人监护通过方能完成操作过程。当发现拉限电名单有误或需要进行临时修正时，操作人员可以进行手工添加和删除某些开关。

第二节　调度生产管理系统应用

地调调控专业主要在调度生产管理系统（OMS）中使用地调调度日志、地调监控日志及地调日前停电计划管理（停役申请）等功能。

1. 地调日志

地调调度（监控）员在地调调度日志（地调监控日志）模块中进行日志记录，包括电网记录、机组记录和交接班 3 个大类，其中每条日志又分为一次缺陷、二次缺陷、自动化缺陷、通信缺陷、计划操作、临时操作、拉限电、故障跳闸、工作联系、新设备启动、工作许可、接地、正令、预令、工作汇报、其他记录等记录类型。

OMS 登录后主界面如图 17-2 所示，在左侧菜单中选择"调控专业管理—调控日志—地调调度日志（地调监控日志）"，会弹出地调调度日志（地调监控日志）主界面，并选择"运行日志"进行记录，如图 17-3 所示。左侧是电网记录、机组记录和交接班 3 个大类，调度（监控）员可以按需要分别在其中对日志进行新建、编辑、保存、删

图 17-2　OMS 登录后首页显示

除等操作，其中每条日志可根据需要选择"交下班"或"交接班"，从而实现日志自动导入到下一班日志内容或交接班内容。

图 17-3　地调调度日志主界面

在"综合查询"栏，调度（监控）员可以选择和输入查询条件，查询和导出满足条件的运行日志，以供查阅、统计和分析历史运行情况。

2. 地调日前停电计划管理

在 OMS 主界面左侧菜单选择"设备运检管理——一次设备检修——地调日前停电计划管理"，进入地调日前停电计划管理主界面，如图 17-4 所示。

主界面左侧为设备停役申请的流程节点，主要有调度专业、调度审核、地调调度台等节点，还有相关查询功能。地调调度员主要有调度审核和地调调度台两个环节。

图 17-4 地调日前停电计划管理主界面

在调度审核环节，当调度员需要审核一张停役申请时，可以点击"待批复"，找到相应的停役申请，然后双击进入停役申请界面，填写审核意见，并选择发送以流转至下一环节（地调调度台的"待停电"环节）。当需要完成省调批复的停役申请流程时，可以在"待批复【省调】"中方便查找。

在地调调度台环节，流程又细分为待停电、待开工、检修中、已完工、已复电、调度作废、已归档等环节。在检修工作开展过程中，调度员按实际进程完成相应停役申请的流转。如某一检修工作开始停役操作后，调度员在"待停电"环节找到相应停役申请，填写开始操作时间、受令人等信息，保存后该申请自动进入下一环节（"待开工"环节）。以此类推直至完成所有流程，最后停役申请在"已归档"环节。

第三节　调控操作票系统应用

调控操作票管理系统（即操作票系统）也是调控人员日常频繁使用的应用系统，作用是能够有效防止调度误操作，减轻调度在操作票方面的工作强度。

操作票系统主要由防误仿真系统和智能操作票管理系统组成。防误仿真系统采用网络拓扑和潮流计算技术，以电网一次接线图的形式实现调度操作的仿真和误操作识别报警功能；操作票智能管理系统主要包括智能拟票、审核和正令监护执行等功能模块，实现调度操作票"拟票-审核-预令-监护-执行"的全过程计算机规范化管理。系统能够智能辨识操作票中调度操作指令（一次及二次设备）并在防误模拟系统中自动演示。系统已实现基于 IEC61970 标准自动获取调度自动化 EMS 系统电网模型（CIM）、图形（SVG）和实时状态数据功能。调度操作票系统界面如图 17-5 和图 17-6 所示。

图 17-5 调度操作防误管理系统界面

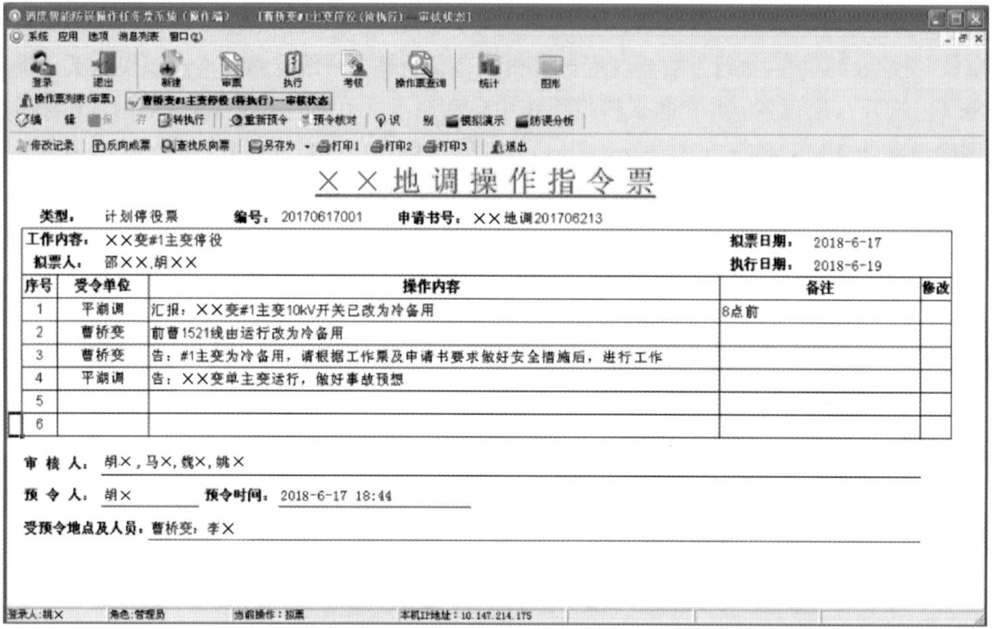

××地调操作指令票

类型： 计划停役票　　**编号：** 20170617001　　**申请书号：** ××地调201706213

工作内容： ××变#1主变停役　　**拟票日期：** 2018-6-17

拟票人： 邵××,胡××　　**执行日期：** 2018-6-19

序号	受令单位	操作内容	备注	修改
1	平湖调	汇报：××变#1主变10kV开关已改为冷备用	8点前	
2	曹桥变	前曹1521线由运行改为冷备用		
3	曹桥变	告：#1主变为冷备用，请根据工作票及申请书要求做好安全措施后，进行工作		
4	平湖调	告：××变单主变运行，做好事故预想		
5				
6				

审 核 人： 胡×，马×，魏×，姚×

预 令 人： 胡×　　**预令时间：** 2018-6-17 18:44

受预令地点及人员： 曹桥变：李×

图 17－6　操作票系统票面

在系统启动界面点击"运行系统"可进入操作防误仿真模块登录界面，登录后可进入操作防误仿真模块主界面，主要有菜单、工具栏、一次接线模拟图、设备目录、挂牌信息栏、信息板、报警信息栏、操作栏信息等组成。在操作防误仿真模块主界面可以进行仿真操作，包括一次设备和二次设备的仿真操作。

日常工作中操作票流程包括拟票、预审、复审、预令、正令、已执行归档六步骤。操作票系统中对应的操作票状态包括拟票、未执行、预令、正令、考核、归档。操作票流程如图 17-7 所示。

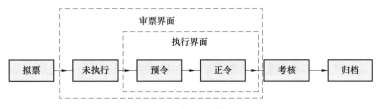

图 17-7　操作票状态流程

（1）拟票：票面拟写由单值完成，开票值对拟出的票负责。完成拟票需两个及两个以上拟票人签名，点击完成拟票按钮，操作票自动进入未执行状态，否则操作票一直是拟票状态。拟票环节中对票的任何改动，不保留修改记录。

（2）未执行：操作票已拟好，尚未发预令的中间待其他值审核的状态。

（3）预令：审核完毕的操作票，在操作前 48h 内预发到操作站，此后转入已发预令待发正令状态。"预令"环节在 Web 网页或人工下发完成后，由发预令人闭锁预令。

（4）正令：指对发完预令待执行工作票，即进入正令执行状态。

（5）考核：具有考核资质人员，凭密码登录，对已执行完毕的操作票进行考核。可盖"合格"或"不合格"章，考核完成后转入"归档"。

（6）归档：生成统一格式的 PDF 文件，不可改动，在需要时可调用查看或打印。

调度员使用操作票系统可以概括为两大功能，如下：

（1）电子化操作票流程。调度员在操作票系统中可以完成拟票、审核、预令、监护、执行等各个环节，现场运维人员可以通过操作票系统 WEB 端接受预令、查看执行情况。同时，操作票系统具备统计功能，从而实现了操作票完全电子化。

（2）操作票防误识别功能。在操作票执行阶段系统可以根据图形进行防误识别，帮助调度员识别操作指令的错误部分，防止调度员在发令过程中误操作。同时，发令人操作前需向监护人申请授权，跳相操作则需要再单独申请执行，是调度操作的另一道防火墙。

同样，监控员使用操作票系统也可以概括为两大功能，如下：

（1）电子化操作票流程。监控员可以在操作票系统中接受各级调度发布的预令，并智能生成相应的监控操作票。

（2）遥控操作防误闭锁。在远方遥控操作过程中，系统与能量管理系统相交互，实现自动解锁需要操作的间隔，其余间隔仍然处于闭锁状态，从而防止遥控误操作。

第四节　继电保护信息系统应用

在变电站采用无人值守模式后，电网发生故障时调控人员不能第一时间获取故障信息。因此，在地调调度台接入浙江电网继电保护信息管理系统，以便调控运行人员及时查询故障情况，从而保证故障处置的正确性和快速性。

继电保护信息管理系统的主要功能是远程采集地区 220kV 变电站内的故障录波器波形信息，以及通过保护信息子站采集保护装置动作信息。

继电保护信息管理系统由省地调控中心的主站系统和各发电厂、变电站端的子站系统组成。主站系统通过对子站传送来的信息（保护动作和录波信息）进行加工、处理、分析、显示，为调控员故障处置及电网的安全分析、继电保护动作行为分析提供决策依据，并在此基础上实现全局范围的故障诊断、测距、波形分析、历史查询、保护动作统计分析。子站系统主要负责信息采集、处理、存储及转发，以提供调控中心对数据分析的原始数据和事件记录量，同时提供站内设备巡检与系统自检、数据查询与检索、信息在线分析、监视主画面、图形与参数维护、站内设备对时、用户权限日志管理等功能。继电保护信息管理系统主界面如图 17−8 所示。

图 17−8　继电保护信息管理系统主界面

在故障发生后，调控人员通过继电保护信息管理系统调取故障录波图和保护动作信息。在主界面上选择"录波联网"，可以进入录波画面，选择相应的变电站和录波装置，选择并召唤波形（见图 17-9），就可以得到故障录波图（见图 17-10）。在主画面选择"保护联网"，选择相应的变电站和保护装置（见图 17-11），可以召唤保护定值、动作报告、保护录波等信息（见图 17-12）。得到故障录波图和保护动作报告后，调控人员可以初步确定保护动作信息、故障相别、测距等信息，从而快速隔离故障和恢复送电、安排事故抢修和线路巡线等工作。

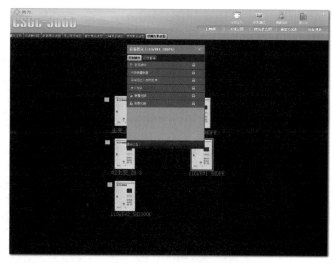

图 17-9 召唤故障录波图

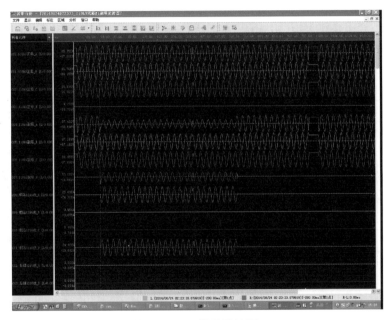

图 17-10　故障录波图

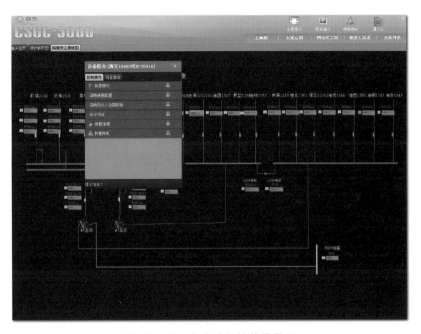

图 17-11　变电站保护装置界面

图 17 - 12　故障报告界面

第五节　无功电压优化控制系统（AVC）应用

无功电压优化控制（AVC）系统的基本原理是通过 SCADA 系统采集全网各节点遥测、遥信等实时数据，由 AVC 主站服务器采用电压灵敏度校验及优化算法进行在线分析和计算，在确保电网与设备安全运行的前提下，以各节点电压、省网关口功率因数为约束条件，从全网角度进行在线无功电压优化控制，实现无功补偿设备投入合理和无功分层分区就地平衡与电压稳定，实现电容器投切最合理、电压合格率最高和输电网损率最小的综合优化目标。

AVC 主站系统优化计算后，最终形成无功补偿设备投切控制指令，由各监控中心 AVC 子站系统接收各自相关控制指令，并借助 SCADA 系统的遥控、遥调功能执行控制指令；同时，AVC 系统还利用计算机技术和网络通信技术，实现了对电网内各变电站的无功补偿设备的集中监视和集中管理，实现了全网电压无功优化运行的闭环控制。

AVC 系统的状态按级别由高到低分为全网状态、监控中心状态、变电站状态、设备状态，其中全网状态、监控中心状态、变电站状态均有"投入""退出"两种状态，设备状态包括"开环""闭环""退出"三种状态。监控员可根据系统和设备的检修、调节需要，将 AVC 系统、变电站、无功设备等设置成需要的状态，保证系统的无功电压在合格范围。

AVC 系统包含潮流单线图。在图形界面上可以进行修改状态和人工置数操作。修改状态包括修改全网状态、厂站状态、设备状态（主要指电容电抗器），具体操作如下：把指针指向要修改的设备（修改全网或厂站状态现在相应的标签）后点击鼠标右键，输入权限，再选择目标状态，点"确定"。如果修改成功与否系统都会有提示。各种状态及其解释如下：

（1）全网状态：投入、退出。

1）"投入"：AVC 系统程序运行，从主站或者各个监控中心采集数据进行全网分析与计算，对设备发调节指令。

2）"退出"：AVC 系统程序运行，从主站或者各个监控中心采集数据进行全网分析与计算，不对设备发调节指令。

（2）监控中心状态：投入、退出。

1）"投入"：此时监控中心的所有 SCADA 数据采集点齐全，设备允许遥调遥控。

2）"退出"：人工对该监控中心所辖变电站进行封锁，AVC 系统将不对所辖变电站的任何设备进行控制，但仍然采集数据。

（3）变电站状态：投入、退出。

1）"投入"：此时变电所的所有 SCADA 数据采集点齐全，设备允许遥调遥控。

2）"退出"：人工对变电所进行封锁，AVC 系统将不对此变电站的任何设备进行控制，但仍然采集数据。

（4）设备状态："开环""闭环""退出"。

1）"开环"：AVC 系统不会对其进行直接发命令控制，通过语音和文字提示操作员对设备进行操作。

2）"闭环"：AVC 系统可以对其进行直接发命令控制，不需要人工干预。

3）"退出"：AVC 系统对此设备既不发建议也不控制。

各种状态是有级别的，级别的高低依次是全网状态、监控中心状态、变电站状态、设备状态。当全网状态为"投入"、监控中心状态为"投入"、并且变电站状态为"投入"时，AVC 系统对变电站内的各个电容器根据其设备状态对其控制；当变电站状态为"退出"时，即使此变电站的单个电容器设备状态为可控或建议，本系统也不对单个设备进行控制。针对单个设备（电容器）的控制级别，其优先级别比监控中心及变电所状态要低，而监控中心及变电站的控制级别，其优先级别又比全网状态要低。

监控区设备状态一览表页面显示所有设备的状态，包括优化状态、运行状态、闭锁状态、当前控制状态及闭锁时间。

优化状态：即"开环""闭环""退出"。

运行状态：即"投运"和"停运"。设备处于运行状态其运行状态就为"投运"；设备没有处于运行状态其运行状态就为"停运"。

闭锁状态：即"未处理闭锁""成功闭锁""失败闭锁"

未处理闭锁：AVC 系统自身对设备发出调节指令后，对该设备实施的闭锁在闭锁时间内不对该设备有任何调节指令。闭锁时间为 4min，时间到自动解锁。

成功闭锁：AVC 系统监测到设备正确动作则对其实行的闭锁，在闭锁时间内不对该设备有任何调节指令。闭锁时间为 5min，时间到自动解锁。

失败闭锁：AVC 系统自身对设备发出调节指令后，设备操作不成功后所采取的闭锁，在闭锁时间内不对该设备有任何调节指令。闭锁时间为 5min，时间到自动解锁。连续 3 次操作失败后系统自动在设备优化状态下设置为"退出"状态。

设备没有任何闭锁时均为"正常"状态。

保护状态：即"正常"和"保护"。如果某设备的任一保护信号动作，将触发该设备的保护状态。如果某设备保护状态触发，其保护状态就为"保护"，则系统不会对此设备发令。

当前控制状态：控制、建议、不可控。设备处于闭环运行且没有任何形式的闭锁的情况下其当前控制状态就为控制；设备处于开环运行且没有任何形式的闭锁的情况下其当前控制状态就为建议；设备处于闭锁状态或保护触发状态其当前控制状态就为不可控。

第六节 调控员培训仿真系统（DTS）应用

调控员培训仿真系统（DTS）是一款专门用于培训电力系统调控员的培训软件。由于地调DTS系统采用的是实际的地区电网接线和潮流，因此系统能较好地模拟地区电网常见的故障。DTS系统主要用于调控员上岗培训和考试，也可用于地区反事故演习等。

DTS系统分为教员端和学员端。教员端可以进行教案编辑、导入等，可以模拟设置故障点、故障时间和设备异常等；学员端接收教员端发送的教案，按时间先后分别模拟发生各个故障，学员需要进行模拟操作，包括开关闸刀操作、电厂出力调整等，完成整个故障处置，确保电网潮流电压合格、停电负荷全部送出。

调控员培训仿真系统的功能主要有：

（1）教案在线生成调度技术支持系统实时库获得实时运行数据，实现培训教案的在线生成；自动保存年/月/日最大负荷断面，用于培训教案。

（2）二次设备建模。在保护模型方面，具备模板化的保护模型与智能建模工具。在自动装置方面，采用图形化方式，灵活定义各种安全自动装置，包括低频/低压减载、稳定控制、备用电源自投、自动解列、过载联动等各种自动装置模型；自动装置仿真按参数定值启动，模拟正常动作、误动、拒动、投退、复位操作和定值修改等。

（3）标志牌挂牌、摘牌。DTS系统同步SCADA的标志牌信息，并提供挂牌、摘牌功能。

（4）自动导图功能。每天自动检查图形，并更新有改动图形，免维护。

（5）图形操作。DTS所有操作均在图上，简单、易用。

（6）负荷群控功能。

为满足地区调控人员的实际需要，结合电网实际情况，按照电网"大运行"体系建设要求，目前设计并逐步推广调控一体联合培训仿真系统，实现电网调度、监控、变电横向集成，纵向互联的一体化全维度培训仿真系统。

在监控仿真技术上，系统仿真模拟一、二次设备动作，通过逻辑推理生成监控报警信号，同时特定的监控信号设置后通过推理可以修改电网一、二次设备状态，模拟监控信号出现时的一、二次设备的故障动作行为，例如开关拒动或保护退出等。

仿真监控信号以国家电网公司《500kV变电站典型信息表》《220kV变电站典型信息表》的规定进行命名，并以设备名称、厂站信息和所属间隔等关键字为索引，实现监控仿真信号与实际监控点表的智能对照，大大降低仿真系统维护工作量。

调控一体联合仿真系统采用DTS系统动态潮流，仿真计算各个变电站正常和故障后的潮流情况，并扩展DTS事件处理器，利用DTS的动态潮流结果和各种操作事件推理生成监控信号。

该模式下，保证了调度和监控仿真基于统一的潮流计算结果，提高监控仿真的计算效率。

第七节 视频监控平台应用

电网统一视频监控平台是地调监控履行设备监视职责的辅助应用系统，将变电站的视频监视器加以整合联网到统一平台上，实现充分利用变电站监视器资源、辅助判断设备故障和异常情况等功能。电网统一视频监控平台界面如图 17-13 所示。

电网统一视频监控平台界面标签包括资源标签、资源分组标签、高级搜索标签、最近调阅标签，视频区具有视频窗口小工具、录像回放功能等。

电网统一视频监控平台的应用主要有：

（1）日常巡视。监控人员可以通过平台对变电站设备进行日常定期"巡视"，结合 EMS 系统的信号实现多途径设备监控。

（2）异常及事故信号确认。在收到事故和异常信息后，监控人员可以通过视频监控平台查看故障设备，确定信号的真实性和故障的严重程度，从而有利于调度员采取正确快速的处理措施。

图 17 – 13　电网统一视频监控平台界面